顺利搞家装

策划·选材·施工三部曲

厚载客 著

SHUN

LI

GAO

JIA

ZHUANG

辽宁科学技术出版社

沈 阳

图书在版编目（CIP）数据

顺利搞家装：策划·选材·施工三部曲／厚载客著. —沈阳：辽宁科学技术出版社，2008.5（2011.7 重印）

ISBN 978-7-5381-5327-9

Ⅰ. 顺… Ⅱ. 厚… Ⅲ. 住宅-室内装修-基本知识 Ⅳ. TU767

中国版本图书馆 CIP 数据核字（2008）第 027398 号

出版发行：辽宁科学技术出版社
　　　　　（地址：沈阳市和平区十一纬路 29 号　邮编：110003）
印 刷 者：辽宁彩色图文印刷有限公司
经 销 者：各地新华书店
幅面尺寸：165mm × 230mm
印　　张：14
插　　页：4
字　　数：240 千字
印　　数：5001~8000
出版时间：2008 年 5 月第 1 版
印刷时间：2011 年 7 月第 2 次印刷
责任编辑：闻　通
封面设计：杜　江
版式设计：于　浪
责任校对：徐　跃

书　　号：ISBN 978-7-5381-5327-9
定　　价：28.00 元

联系电话：024-23284360
邮购热线：024-23284502
E-mail：lkzzb@mail.lnpgc.com.cn
http://www.lnkj.com.cn

万向云海

好友徐总的友情题词

作者简介

钱苏群，网名厚载客。网友都称呼她厚姐、厚老师。

从机械电子工程师成功转学室内设计，如今进入家装行业已经 15 年有余。

长期做室内设计师，是家装监理最早的实践者。做过项目负责人，成立过装饰事务所，是家装顾问网（http://house512.com）的创始人。

她的热帖"家装顾问厚姐答疑"在网络上众人传阅，好评如潮。

她的行业管理论文被一些家装企业全文下载，作为员工培训教材。

只要网友一声招呼"厚 JJ，请教……"，她便欣然前往，有问必答，专业热心地解决网友的实际问题，并乐此不疲。

编辑的话

大约 1200 年前，唐朝诗人刘禹锡作了一首《陋室铭》，以此将陋室的黯淡装点成低调的华丽。如果我们大胆地想象，就会得出奇妙的结论——诗人用"苔痕上阶绿，草色入帘青"修饰了室内的简朴与自然，又以"斯是陋室，惟吾德馨"赋予了房屋神韵，两者结合，亦庄亦谐。

回到当代，诗人描绘的陋室已然不能作为居家的标准，取而代之的是个性的设计以及繁复的装修。于是，另类不会被认为是叛逆，奢华也不会被当做浪费，"装修"变成了每家每户房屋必需的洗礼。有人将家庭装修描绘成缺憾的艺术，也有人认为它是一场旷日持久的战争，究其原因，我们总结如下：

1. 装修是个系统的工程，环环相扣，哪个步骤进行得不够完善都会影响其他环节的顺利进行；

2. 装修是对完美无休止的追求过程，风格设计、材质选择以及施工的精细到位总会因时、因地、因人而异；

3. 装修是对人心态的历练，同设计师沟通设计、同装修公司博弈合同、同材料商砍价，而且还要与装修工人和谐相处。

如上种种困惑会令大多数人心有余而力不足。无疑，在装修过程中如果有好的经验可以借鉴，好的专家可以咨询，有失败的教训作为警戒，那么，装修就会少走弯路、节约金钱、规避误区，从而事半功倍。很多人在装修时一方面会请教身边有经验的人，一方面会到网络上收集一些信息作为参考。然而，过来人的经验毕竟有限，不可能面面俱到；网络上的信息虚实参半、断章取义，缺乏系统性和逻辑性。解决以上弊端，我们需要这样的人：他要有丰富的经验、系统的知识结构，将装修过程化繁就简、去粗取精，还要有诙谐幽默的语言来驱除装修中的烦躁，展现装修中的快乐。集合这些优点的人不多，而本书的作者厚载客就恰恰是其中的一个。

我诚挚地称厚载客为厚老师，我们之间进行了很长时间的交流和协商，终于达成了合作的意向，也因此成就了本书的出版。当拿到初稿时，面对二十几万字的文章我惊呆了。装修中所涉及的方方面面完全超出了我的意料，其中的很多细节都是厚老师多年的经验积累。另外，本书除了内容全面之外，最大的精彩之处是文笔流畅，全书脉络清晰、一气呵成，毫无机械拼凑之感。与其说这是一本指导书，不如认为它是一本精致的散文集。

衷心地希望本书的出版会给那些准备装修或正在装修的广大业主带去专业的指导，使其轻松地解决种种困惑，将装修做到尽善尽美。同时，也期待着广大的从业人员可以从书中学到一些专业知识，弥补自己技术上的不足。最后，更希望装修公司和材料商们严于律己，净化行业市场，使每个业主的装修过程同装修后的房间一样充满了亮丽和温馨……

本书编辑　闻通

序

厚载客是南京家装业内资深人士，家装顾问网创始人，从业15年来，当过设计师、工程监理、项目负责人，曾开办过群雅装饰事务所，了解家装的所有环节。近5年来，她以家装顾问的身份在网上开展咨询服务，热心解答网友们的实际问题，为他们审核设计方案、核查预决算、控制施工现场的质量、验收材料、监督工程进度、解决矛盾纠纷，赢得了客户的信任。

她把长期积累的几十个案例的上千张照片中挑选出的几百张现场实景照片编辑起来，配上讲解说明，在全国最大的房地产网站搜房网装修论坛南京站上发表。这个"图解家装全过程"的帖子，得到了广泛的关注，目前的点击数已超几十万，得到了业内人士的认可及客户的赞赏，实实在在地把家装各个环节变得透明直观。

厚载客根据她长期的实践，加上自己的心得体会，撰写了《顺利搞家装——策划·选材·施工三部曲》一书。该书从家装顾问的角度讲解家装的流程，介绍如何搞好设计、如何备材、如何找施工队或装修公司，不光从技术的角度提醒客户注意哪些方面，也从施工管理方面入手讲述了如何处理施工中出现的工种衔接问题及工艺流程合理安排的技巧，所以不光对客户有启发借鉴作用，对家装从业人员也有参考价值。在网上发表后，好评如潮，很多人把下载的内容打印出来，对照执行，少走了弯路，节省了资金，避开了装修的误区。

厚载客在网络上的影响也引起了平面媒体的关注，《金陵晚报》和《现代快报》都作了专访，她成了家装行业的专家，每天在线解答网友的问题，她的"家装顾问厚姐答疑"帮助很多业主走出了困境。

更难能可贵的是，厚载客一直在探讨家装发展方向问题，写了不少论文，阐述了对农民工管理机制、设计师职业道德及施工管理方法的科学性等问题的看法和见解，在家装行业的网络营销方面开拓了新的模式。她认为，今后家装的发展方向就是职业化、专业化、产业化，提高整个行业的

序

职业形象和诚信度，让广大业主放心装修，同时，家装从业人员就能得到整个社会的理解和尊重。

厚载客的网络签名——"天行健，君子以自强不息；
地势坤，君子以厚德载物。"

厚积薄发，厚道为人，就是她的普通人生写照。

南京市建筑装饰协会会长 朱炳生

前　言

　　家庭装修的周期一般为两个月，装修公司一般合同期限为 45 天，而业主从找装修公司、设计师做方案起，到后面安装设施、窗帘布艺、家具和绿化，非得有两个月不可。在这一非常时期，要耗费大量的财力、精力和时间，即使你提前筹备了很久，物色好了装修公司、施工队，到了施工的时候，仍然会出现设计不到位、供材不及时、工种衔接不好、工艺处理不当、人为失误等种种问题。家装工程的这种无奈，制约了家装行业的发展以及全社会对行业诚信的质疑，连小品演员都拿装修工人说事，真是我们从业人员的悲哀。

　　装修实际上是个系统工程管理的过程，不完全是工程技术管理的问题，在现阶段，更是一个涉及很多行业、受很多人为因素制约的过程。

　　现代装饰业的发展也就是改革开放后的几十年，一下子把装饰从建筑业中剥离出来，优点是完全市场化运作，老百姓有了更多的选择；缺点是在众多的选择中，不知道如何作最佳选择，也无法一个一个材料、一个一个公司地作信价比调查。因而装修在很多时候是盲目的、有购物消费冲动的、上了当没有后悔药可买的事情。

　　古代把建筑装饰业统称为营造业，这是有道理的。首先，要人去经营、策划、组织；其次，这是一种创造性的劳动，是系统工程，强调的是合作精神，讲究的是科学化管理，提倡的是因地制宜、因人而异、物尽其用，追求的是实用与美学的功能，受社会生产力的制约。只有调动一切积极因数，通过沟通、组织协调，严格监督工程质量，才能达到好的效果。

　　家装工程是个系统工程，牵涉到几百种材料、很多工种，加上季节、温差等方面的原因，施工条件受到了局限，人为的因素占很大的分量。可以说，一个工程的成功与否是和现场管理水平密切相关的，要组织协调、合理调度，及时处理相关问题，尤其是要有一个好的设计方案、完善的图纸资料、细致的材料分析，全程控制才能保证工程进展顺利，从而达到预期的效果。

很多业主在施工期间是盲目和被动的,并不清楚下一步要干什么以及如何配合、工人干得对不对、材料是否合格、工艺是否规范。这样便造成业主被工人牵着鼻子走,疲于奔命。就是包工头也存在随意性,想到哪里干到哪里。业主的材料不到位,干的过程中出现问题后不知如何处理,也会有窝工、误工现象发生,给工人带来损失。

在我国南方地区,一般叫搞家庭装潢。我在从业过程中,强调的是硬件设施的施工安装质量,不要太花哨,要简简单单,把钱花在刀刃上。同时,建议业主自己参与装饰风格的设计,搞出自己的品位来,以此显示主人的文化内涵。

在编写这本书的时候,我也想让我们家装行业的从业人员看到并喜欢这本书。因为很多学建筑的高才生不愿到我们家装行业,原因是收入不稳定,没有双休日,而且经常遇到客户的不理解。很多从农村来的青年是我们家装行业的主力军,他们在这个行业中摸爬滚打,努力想在城市中找到自己的生存空间,然而,在思想观念、行为模式上和城市文明的冲突很大。装饰业实际上是个服务行业,只有你能够提供客户所想要的服务和满意的质量,才能形成好的口碑,把事业做大。

所以我想对业主说,只有做好装修前的前期工作,挑选最适合你的模式,选好的施工队、装修公司,淘到价廉物美的材料,自己才能监督施工,知道如何处理施工中出现的问题。

同时,也想对装饰设计师说,重要的是如何和客户沟通,如何做出客户满意的方案,而不是把自己的风格强加于人。不是要成为金牌接单能手,而是要凭良心,用业主最少的钱做出最好的效果。我们设计师的价值体现在设计取费上,而不是靠拿工程总额的提成和材料商的回扣,独立设计师是今后装饰业发展的必然。

还想对装饰业的管理层说,一定要踏踏实实地抓施工质量和客户的满意度,这才是企业生存的基石,而靠广告轰炸,层层转包,转嫁风险,设陷阱搞猫腻只能糊弄一时,不能建立起百年企业。一定要加强员工的培训和管理,真正地把农民工变成职业的装修工人。

那些终日辛劳的农民工,他们中的很多人是积极进取的,我希望这本书能让他们了解家装的全过程,一方面可以改进他们的施工方法,另一方面，也了解如何和业主沟通，提醒他们做好配套工作。

　　最后，要感谢辽宁科学技术出版社的编辑，通过网络和我建立了信任的合作关系，才使我出书的愿望得以实现。也感谢出版社的相关领导，能给我这个非建筑专业出身的"实战派"一个出书成名的机会，并且在创作过程中给予我很多自由的写作空间。能把我的书放在图书发行大厦的图书书架上销售，对我和家人及团队是莫大的荣誉。

　　　　　　　　　　　　　　　　本书作者　钱苏群

策划·选材·施工三部曲

目 录

编辑的话 / V

序 / VII

前 言 / IX

第一篇 | 前期策划 / 1

一、 前期策划 / 2

二、 如何进行家装策划 / 3

三、 如何制定装修策划书 / 6

四、 如何选择设计师 / 7

五、 如何选择装修公司 / 10

六、 如何选择施工队 / 12

七、 如何找装修工人 / 13

八、 家装设计 / 15

九、 如何确认设计风格 / 17

十、 如何作平面总案设计 / 25

十一、如何作材质设计 / 28

十二、如何作水电路设计 / 30

十三、如何完善设计图纸 / 32

十四、如何看待室内风水 / 34

十五、如何作预算 / 35

十六、如何签合同 / 36

第二篇 | 材料选购 / 39

十七、 如何选择空调暖通系统 / 40

十八、 如何挑选橱柜 / 44

十九、 如何搞智能居家布线系统 / 53

二十、 如何选定瓷地砖 / 59

二十一、如何选定卫生洁具 / 64

目录

二十二、如何选购板材 / 71

二十三、如何选购木材木线条 / 75

二十四、如何挑选制作门窗 / 78

二十五、如何挑选地板 / 85

二十六、如何选定石材 / 91

二十七、如何挑选五金件 / 93

二十八、如何挑选墙纸 / 99

二十九、如何挑选窗帘布艺 / 101

三十、　　如何选购家具 / 103

三十一、如何选购电工电料 / 106

三十二、如何选定乳胶漆材料 / 109

三十三、如何选定油漆材料 / 112

三十四、如何选定吊顶材料 / 115

三十五、如何挑选灯具 / 118

三十六、如何选择楼梯 / 121

三十七、如何选择辅材 / 123

三十八、如何挑选艺术品和绿化植物 / 129

三十九、如何购买家用电器 / 133

第三篇 | 工程施工 / 143

四十、　　如何验房 / 144

四十一、如何开工交底 / 148

四十二、如何开展拆除工程 / 152

四十三、如何开展水电工程 / 154

四十四、如何验收水电工程 / 157

四十五、如何做暖通工程 / 162

四十六、如何做防水工程 / 165

四十七、如何合理配送物资 / 167

四十八、如何处理施工衔接问题 / 170

四十九、如何开展瓦工工程 / 172

五十、　　如何验收瓦工工程 / 174

五十一、如何开展木工工程 / 181

五十二、如何验收木工工程 / 183

五十三、如何开展油漆工程 / 188

策划·选材·施工三部曲

五十四、如何验收油漆工程 / 190

五十五、如何安装楼梯 / 193

五十六、如何安装地板 / 195

五十七、如何安装和调试设施 / 198

五十八、如何总验收 / 200

五十九、如何处理装修纠纷 / 201

六十、 如何调整心态乔迁新居 / 203

附表 / 205

家用电器一览表 / 206

家具尺寸一览表 / 207

甲方提供主材清单 / 208

洁具五金清单 / 209

墙地面砖采购清单 / 210

灯具清单 / 211

写作后记 / 212

目录

第一篇
前期策划

一、前期策划

　　安居才能乐业，对于每一个人来说，家庭生活的安定舒适都是至关重要的。衣食住行是人生的基本需求，因此家庭装修是生活中的大事，一定要根据自身的条件、所掌握的资源以及拥有的关系网，统筹策划，控制好装修过程中的每一个环节，这样才能达到满意的效果。

　　装修策划是近来人们所关注的话题。以前，人们认为装修只是找几个工人，拉一支队伍，做基础的施工项目就行了。想到哪里做到哪里，有很多的不确定性，也谈不上施工的统筹管理，结果受工人技术水平、施工工艺的制约，出现了很多遗憾，这是初级的装修模式。

　　而装修策划是一种高层次的施工工程管理模式，就是要在有限的资金和时间内，确定最佳的设计方案，作出切合实际的整体预算，组织协调业主和工程队的合作模式，监控施工的流程，及时调整施工中出现的问题，保证整个项目的投资安全、工程安全。

　　装修策划应该是专业顾问监理公司的工作，然而在我国，装修业无序发展，很多公司都处于发展阶段，规章制度不完善，受利益的驱使，出现了很多陷阱、套头、猫腻的伎俩，令人防不胜防，所以业主不得不自己充当设计师、经济师、工程监理及物流配送员。这实际上是社会分工的倒退，因为业主所掌握的信息永远是不对称、滞后、有局限性的。很多业主自发地写装修日记，以为自己找到了好的施工队，买到了便宜的东西，实际上还是走了很多弯路，原因是不了解整个装修业的发展情况，出现了很多观念上的误区，带来了不少麻烦。

　　一个军队打仗需要总参谋部，用来收集情报、分析战况，然后提出几个解决方案供总司令决策。装修也是这样一个决策过程，就和找对象一样，碰到老实贤惠的，可以帮你勤俭持家、物尽所用，如果上了贼船，那么口子就越扯越大，工程质量低劣，无法收场，所以装修的费用是很难控制的，一松手、一滑边，成千上万的钱就砸进去了心疼也没用。

我从机械工程师转入装修行业已经 15 年了，先做公装，这些年做家装，监理过上百个案例，从我的实践经验总结，我认为，一个好的策划方案是至关重要的。

装修策划工作是个博弈的过程，就是要在建材市场上找到适当的材料，和装修公司斗智斗勇，在合作共赢的基础上保护自己的利益，少犯和不犯错误。在目前阶段，这个工作只能靠业主自己调研了。我也希望我们家装行业的从业人员也知道如何和业主沟通，提醒他们做好哪一些工作，当业主的朋友，给他们提供专业的咨询服务。

> 策划一：少花钱多办事
> 策划二：适合自己才是最好
> 策划三：好的设计不可少
> 策划四：工程要交给可靠人做
> 策划五：货比三家不吃亏

以上五个策划从资金的合理分配、设计方案的确认、最佳施工模式的认可、施工队的资信考察以及主材的性价比五方面控制了整个工程的走向，保证了几十万元房子的安全，好几万元装修款的合理使用。充分的前期准备工作能保证后期工程的顺利开展，做到事半功倍，因此一定要重视。

二、如何进行家装策划

要装修首先要考虑资金的投入问题，一分钱一分货，钱多好办事，有钱买得闲，有钱可让鬼推磨，说来说去都是一个"钱"字。关键是现在房价飙升，置办一套房子不光花光了全部积蓄，还要靠父母资助，十几年还贷，一夜之间回到一穷二白、为开发商当房奴的境地，成了有房的"负翁"。尤其是对年轻人，都不敢跳槽，生怕房子被银行扣押。

在这种情况下，要筹备几万元装修款，对每一个家庭来说都是件不容易的事，这样就出现了一种不正常的情况，一套 120m² 的高层商品楼，总价 80 万元，结果可以用于装修的款项不到 1/10，只能做基本的项目，每样装饰材料都是跑了再跑，省了再省，由于产品的质量问题导致了瓷砖不防水、涂料变色、电路不安全等隐患。真的是"买得起马，配不起鞍"。一方面是由于投入的资金不足，另一方面则是由于策划控制不当，在实际过程中超过了预算，盲目冲动消费，被装修公司和施工队所牵制等原因所致。

在装修业比较发达的广东沿海地区，人们比较重视室内设计，对内部设施很考究，都舍得在装修上花钱，一般正常的装修工程总额都在10万元以上，甚至豪华装修和房价的比例会达到1：2。这些年房价确实涨得没有边，可是装修费用上升并不高，工人的日工资和几年前比没有过分提升。除了地板、电线等一些受资源限制的必需品上涨幅度大，其他竞争行业都在通过扩大知名度、提高服务质量来抢得市场份额，家装企业越来越成熟，相应的配套服务也提高了质量，人们可选择的范围越来越大了，从而使消费趋向理性。

在南京地区，我接触的半包工程总额大部分是在5万元左右，而买主材、家电、家具和窗帘布艺，加在一起都控制在10万元以内。

我现在就以一套120m²的住宅，准备花10万元装修为例，说明如何合理地掌握资金配比，如何选择性价比最好的材料，如何判断审查装修公司的信誉以及如何做装修计划书。

一般来说，我建议5万元花在装修工程上，包括基础装修、品牌墙地砖铺设、进口高档乳胶漆（环保考虑）、实木工艺门、品牌五金件、塑铝天花吊顶、艺术造型吊顶、储藏间设施等，加上管理设计费，和装修公司签订5万元的合同，保证整个工程的质量和安全。

配物资金分配方式为：1万元花在瓷砖洁具上，1万元橱柜和设施，1万元地板，1万元家具，1万元窗帘、布艺、盖板灯具和艺术绿化装饰，共计5万元。

忠告一——买品牌中的大路货，买名牌中的打折商品。

实际上，往往瓷砖洁具的费用就会超过1万元。因为这些都是个性化的设计，看中了就舍不得丢，而且是前期购买的必需品，这时资金还比较充足，就像时装，往往时尚的就是最赚钱的。所以商品最好要物有所值，或者超值。有些商品因为规格不流行了，就便宜了很多，买这样的商品不仅质量好而且价格合理。

忠告二——多选择现代技术生产的节约型地面材料，不要追求豪华气派，舒适即可。

1万元钱的地板是个尴尬的限额，现在好些的实木地板价格都在300元/m²左右，3个房间就是40m²，即花费了1.2万元，还有安装费、辅材费、损耗率等很难控制。而从大环境上看，实木地板浪费了很多的自然资源，大面积砍伐森林对人类本身的生存是不利的。所以在欧美、日韩，普通人家是不用实木地板的，而是用多层实木地板，既节约了资源，又有木质地板的脚感，符合地板的施工简便要求，价格也便宜一半，还可以当地热地板用。如果在地板上省了一半的钱，就可以把座便等卫生设施的档次提高，天天使用，带来的享受无穷。

忠告三——橱柜不要迷信品牌，要看材质和服务，节假日的活动力度最大。

1万元买橱柜也需要好好比较一下，一般看柜体和台面的质量，柜体环保第一，那种刨花板的三聚氰胺板，如果便宜劣质的就不环保了。台面也不能太差，选择复合亚克力和石英石的才耐磨。橱柜企业发展已经有10年了，所以基本上已经竞争出了前十名。可以到品牌的橱柜公司询价，看看他们如何介绍他们的产品及承诺的服务项目和优惠的幅度，然后到旁边一些中型的橱柜公司砍价、比较。往往这些不出名的公司是从品牌大公司分裂出去的，因为橱柜行业不需要巨额投资，上马快，所以相互之间的竞争也激烈，结果就是消费者得利。

忠告四——买家具的前提条件是环保，要买就买好的，在现场打的家具越少越好。

1万元买家具也是紧巴巴的，一个比较高档的布艺沙发就3000元左右，卧室家具、书房家具、儿童房家具都价格不菲。而且家具市场有个怪的现象，要么样式时尚，用于出口，价格昂贵，看得人眼花缭乱，能够激起强烈的购买欲望；要么是乡镇个体生产的劣质家具，甲醛、甲苯严重超标，而且设计土气。

在这种情况下，我的应对策略是：简化家具，除了必要的功能外其他从简，订做移门家具，比装修公司打得便宜、时尚，不但缩短了施工周期，造型还漂亮，同时降低了工程总额，减少了管理费，还能避免被装修公司套头。

对于真正喜欢的卧室及儿童房家具，可以选择质量好的、环保的，这样能保证用10年以上。

忠告五——买自己喜欢的窗帘，买灯具可以还价，艺术品、绿化少不了。

1万元买装饰用品也不是很充足，这个时候往往需要太太出面了，她们对于软装饰都有自己的喜好和追求，看中的窗帘款式往往是最流行、质地最好的，同时价格也是最高的，而且现在人都喜欢舶来品，如果是南韩的窗纱，意大利的面料，价格就翻了很多倍。对于自己喜欢，而且很出彩的，要舍得花钱，4000~5000元的窗帘也是正常的，关键是要装饰出品位来。购买时要学会砍价，在窗帘专卖店买的东西一定比窗帘城里的贵，我就上过当，同样的面料价格相差很大，同时，配料里的猫腻也很多，后面我会详谈。

电工电料也是个大块，选择盖板一定要看品牌，选择中高档次，在专营店买会便宜些。

灯具的价格相差很大，这个时候就不要太迷信时尚，几十年前的水晶灯现在看来依然有魅力。灯具不要太怪异、太复杂，要柔和、温馨些，点光源越少越好，泛光才舒服。购买时要大胆砍价。

> **装修策划的基本原则**
>
> ①重视基本设施，钱花在刀刃上。
> ②缩减家电和家具的预算，有钱了再买。
> ③装修追求简洁，不要太繁琐。
> ④搞艺术个性装饰，有家的感觉。
> ⑤全程监控，有闲也能省钱。

艺术装饰品是必不可少的，能起到点睛的作用，如果能挂上自己亲友的作品，更能使四壁生辉，搞出个性来。

我最喜欢的是做绿化，和业主一起逛花卉市场是我的一大乐趣，虎皮兰能够吸附甲醛，绿色植物能够净化空气，更重要的是能美化环境，舒缓主人长期疲倦的神经，带来家的温暖，这些钱花得值。

三、如何制定装修策划书

无论你是否有装修经验，对于装修到底需要多少费用，市场行情如何，如何确定适合的装修模式，如何选择好的设计方案，如何找信价比合适的装修公司，可能谁都没有底。在装修之前只是到市场上大致看看，和亲友交流探讨一下，在有限的装修公司、施工队之间挑选一下，就签订了施工合同。最多会列一个材料采购清单，然而这些只是计划的概念，实践中是有漏项的，不一定是物美价廉的，而且计划不如变化快。

在与客户交流过程中，我会提供几张表格，让他们自己填写，作初步的市场调查，把他们的要求明确化、条理化，然后帮他们分析哪些不值得，哪些是不足的，让他们了解如何和装修公司、设计师交流配合。

家庭状况调查表是很有必要的，往往装修过程中涉及的要素太多，一下子口头上讲不清楚，就是讲过了，设计师业务员也记不住，和其他人交流时又要重复一遍，甚至几遍，所以这些装修的基本信息一定要明确，缩短前期沟通的过程。调查表项目包括家庭人口基本状况、房屋基本状况、投资总额、装修档次、具体区域要求、准备采纳的装修模式、准备选择的装修公司和施工队以及选择他们的理由、希望开工的日期等。

这样，根据业主的具体要求，就可以帮他们作出明智正确的选择，选择适合的方案。

材料单最好是到大型建材市场去调查，因为那里明码标价，经常有活动，商品比较集中，可比性强，营业员讲解得比较仔细，跑的路比建材城少些，还有地方休息喝茶，而且有中央空调。

有了家电尺寸清单，就可以交给橱柜设计师设计图纸，交给装修设计师考虑整体布局，这个工作必须在开工前确认。

表格包括
①家庭状况调查表
②家电尺寸清单
③家具外形尺寸清单
④主要材料品牌价格表
⑤洁具五金采购清单
⑥墙地砖采购清单
⑦灯具盖板采购清单

看家具是为了确定整体设计风格。现在商品房的空间有限，往往装修好了，由于家具的尺寸和电盒的位置不对导致退换货的麻烦，如果你把家具的照片拍下来交给设计师，他就知道如何和家具的风格相吻合，不至于最终的效果太凌乱。

洁具五金电工电料是最难控制预算的。一家人要好好商量，多跑几家，多比较，尤其是要带上座便的中心距尺寸，你看中的品牌，不一定有想要的规格，这些都要落实。

墙地砖的采购任务也是很艰巨的，首先你一定要确认瓷砖的规格，这样工人可以根据大小来核算所需瓷砖量，同时根据要贴的高度，确定哪种规格的瓷砖浪费最小、效果最好，这里面都有经验公式，不是简单地按照 5% 的损耗。现在瓷砖的价格都很高，一定要算得大致不差，减少退换货的麻烦。

四、如何选择设计师

很多人在开始装修的时候，一般对自己家的装修都有一个大致的规划设计，已经在家庭内商量探讨过多少次了，也看了很多资料和样板房，听了很多亲友的建议，然而真正装修的时候，设计方案往往还是不够成熟、不确定、有争议的。所以很有必要请专业的设计师介入，让他们从室内设计、人体工程学、装修色彩和风格等方面提出专业的建议，确定施工方案。一个好的设计往往不一定要很花哨，在某种程度上，它可以引领时尚，给人带来美的享受，物尽其用，合理利用空间，让业主居住得舒适温馨。

装修意向调查表

业主姓名 _____ 联系方式 _____ 电话 _____
配偶姓名 _____ 联系方式 _____ 电话 _____
装修房地址 _____
现居住地址 _____
现居住人口 _____ 人　　将来可能居住 _____ 人
家庭情况　父 _____ 年龄 _____ 母 _____ 年龄 _____ 婆（岳）母 _____ 年龄 _____
公公（岳父）_____ 年龄 _____ 儿子 _____ 年龄 _____ 女儿 _____ 年龄 _____
（外）孙子 _____ 年龄 _____ (外)孙女 _____ 年龄 _____ （其他）保姆 _____ 年龄 _____

装修房基本状况：
新建房 _____ 旧房 _____ 建筑面积 _____ m² 室内实际面积 _____ m²
框架结构（　）砖混结构（　）小高层（　）多层（　）别墅（　）有无电梯（　）
客厅 _____ m² 餐厅 _____ m² 主卧室 _____ m² 次卧室 _____ m²
儿童房 _____ m² 客房一 _____ m² 客房二 _____ m² 厨房 _____ m²
主卫生间 _____ m² 客卫生间 _____ m² 前阳台 _____ m² 后阳台 _____ m²
露台 _____ m² 院落 _____ m² 储藏间 _____ m² 其他区域 _____ m²

投资总额 _____ 元　其中：
地板 _____ 元　橱柜 _____ 元　家用电器 _____ 元　基本设施 _____ 元
洁具 _____ 元　瓷砖 _____ 元　灯具 _____ 元　窗帘布艺 _____ 元
家具 _____ 元　五金配件 _____ 元　装修费用 _____ 元　其他 _____ 元

装修风格：
现代简约风格 _____ 浪漫主义风格 _____ 中式古典风格 _____ 港台豪华风格 _____
欧美古典风格 _____ 美式乡村风格 _____ 超现实主义风格 _____ 其他 _____

装修模式：
单独请设计师设计（　）找施工队包清工（　）找装修公司半包工包料（　）
整项工程总承包（　）请监理监督（　）亲友监工（　）其他（　）

前期工作进展状况：
是否和施工队、装修公司接触过(　) 是否已经做好设计方案（　）是否已经缴纳了
装修订金（　）是否已经做好了预算（　）是否已经看过样板房（　）是否确
认了装修公司（　）选择这家装修公司或施工队的理由是
熟人介绍（　）看过他们的样板房（　）看广告（　）报价低（　）
从业人员素质好（　）管理水平高（　）用料考究（　）口碑好（　）

装修公司考察情况：
（　　）装修公司资质 _____ 办公地点 _____
联系方式 _____ 负责人 _____
（　　）施工队　包工头籍贯 _____ 联系方式 _____
（　　）设计师　毕业院校 _____ 联系方式 _____

很多人认为，大的装修公司里收费高、名气大的设计师就能作出好的设计。而实际上，很多优秀的能力比较强的设计师是不甘心在装修公司当业务员的，他们在锻炼几年后，都想往专业的独立设计师方向发展，充分展现自己的艺术才华，搞有个性的设计，使自己的价值得到体现。所以不一定大公司的设计师就高明，贵的就是好的，只有适合自己的才是好的设计。

由于现在装修公司的机制，决定了设计师在某种程度上就是业务员，他们根据工程总额提成，个人的收入很大一部分来源于装饰材料的返点回扣，这就决定了设计师所有的设计理念就是为了增加工程总额，提倡推荐用高档新型材料，这跟医生开高价处方是一个道理，都是行业在改革过渡发展时期出现的弊病，所以对设计师的意见不能不听，不能全听。

我自己就是设计师出身，也长期和设计师打交道，所以我总结出几条经验：选择设计师就像谈对象，要谈得来；不一定用贵的材料装修的效果就好，中央电视台的"交换空间"栏目中那些因地制宜旧房改造的灵感就给业主带来很大的惊喜；一个好的设计师往往会为您省钱，前提是他是独立的、注重个人信誉、有能力的优秀设计师。

选择设计师首先要看他的文化背景，如果你想要有艺术效果、出彩的、有个性的设计，就应该找美术学院毕业的设计师，他们的效果图很漂亮，经常会搞些小品来增加艺术情趣，迎合你的审美情趣。然而他们的尺寸概念比较模糊，华而不实，对材料的了解不透彻。而且同农民工的沟通不畅，画得好不一定能做得出来，做出来也不一定好看。

如果你想要实用，对工程的质量很考究，搞现代简约型装修，可以找建筑院校毕业的设计师，他们的图纸一般比较严谨，和你沟通的时候也比较实事求是，不开空头支票，不会野蛮装修，他们知道什么样的墙不能动，如何确认水电的走向。一张规范实用的水电路图，才是衡量一个室内设计师真实水平的标准。

现在很多装修公司的设计师，在前期往往什么都答应你，可签单以后就不管了。因为设计师的流动性很大，很难对一个企业产生忠诚感。他们自身也有一个业务水平提高的阶段。所以一定要看设计师的水平，不要急于签单，在交设计订金之前一定要慎重，只有主体方案基本满意、设计风格认可后才能把一个家的总体规划交给他。把设计从装修工程中分离出来，不要轻信免费设计这样的承诺，那是装修公司拉业务的公关手段。付设计费和买洁具、瓷砖、地板一样是购买了商品，是知识产权，是脑力劳动价值的体现，绝对物有所值。

五、如何选择装修公司

在写这一节的时候，我在网络搜寻栏上输入"如何选择装修公司"几个字，就出来了很多相关的信息，大同小异，基本上都是要看装修公司的资质、业务登记证明和行业许可证。也就是说，如果要保险就应该找那些正规的、合法的公司设计施工。

经常有人来找我咨询，是找施工队好，还是找装修公司好，希望我帮他们推荐一些。在这个时候，我就会深入了解业主的具体情况，依据他们的期待值、他们的控制能力以及他们的决策能力，再提出几个可行的方案。不是施工队越便宜越好，实际上那样风险会更大；也不是越贵越好，在很大程度上，大部分公司都是承包制，一层一层剥下来，用在实处的费用往往就缩水了很多，而且业主还要受很多的制约，解套是很难的。

在选择装修公司时应从以下四个方面进行参考。

一 看样板房

几乎每一个业主都会要求看样板房，而且一些中小型的装修公司就是靠看样板房接业务的，所以多家报纸每个双休日都会组织人看房，免费供应午餐，打着大标语招摇过市，好不热闹。我也参加过好几次，都是以业主的身份看房子的施工质量。我希望业主在看房的时候留几个心眼，注意以下几点。

①如果是看半成品房，就要看隐蔽工程，观察水电的走向是否合理、瓷砖铺贴的水平、现场保护有没有做、使用的材料质量如何等。一般来说通过这些就可以看出这个公司的现场管理水平和工人的技术水平了。

②如果是成品房，就要看整体的效果、细节的处理和工艺的衔接处是否得当，因为一般的工程不可能所有的工种都是高水平的，总有些缺陷，这些是能够看得出来的。如果样板房的施工质量都看不上眼，那么趁早选择其他的公司。

③如果你基本上中意某家装修公司，最好拜访一下已经委托这家公司施工的业主，这些业主会告诉你这个公司的实际情况以及和他们打交道要注意的问题。一定要全面调查这个装修公司的信誉，千万不要犯决

策性的错误。

二 看 设 计

把自己的要求和设计师沟通，最好把自己喜欢的图片、附近邻居家做得比较好的案例照片以及自己的具体要求和设计师讲清楚，然后再交设计订金，让设计师有个了解酝酿的过程。确认了自己基本满意的方案后再作预算。

三 看 预 算

这是核心敏感的问题。一般装修公司的报价基本上都是好几张纸，按照区域，把一项工程分成了很多块，一块块不起眼，累计起来就是好几万元的费用。而且如果你不签合同，预算书就无法带走，而那些报价体系，就是我们专业人士也要分析好半天，里面还有很多的伏笔、不确定因素，所以很多人都是稀里糊涂就签了，说是以决算为准，从来决算就是比预算高出好多。所以在预算问题上一定要慎重。

我的建议是货比三家，抄下主要的收费标准，自己算出家里实际的工作量，这样一来就确定出来哪家的收费标准高了。

一般来说，在审核预算的时候，需要把所有的项目归纳，比如瓦工工程中拆除的费用、墙地砖的费用、防水，包柱砌墙算作其他，这样就汇编成瓦工工程所需费用。木工工程也是这样分项，把装修公司拆下来的五金安装、油漆等项加在一起，清楚打一扇门、做一个柜子到底要花多少钱，就可以比较出买的合算还是让工人在现场做的合算。

油漆最麻烦，有的公司把铲墙、披腻子、刷底漆、喷涂分开来算，如果你要减少工序，他就让你签字，出了问题不负责。所以油漆工程是最难控制的，这里面名堂最多。

水电工程的报价最模糊，一些公司是按每间多少钱算，而实际上，很多房子电路改造的工作量是不大的，并没有规定在多少范围内才是合理的。也有的公司只标明每米的收费，大概估计一个总额，然后注上按实际结算，最终水电的总额很可能是超过 1 万的，进场后就由不得你了。水电工程是猫腻最多的地方，也是暴利部分。

所以不能看预算书上的工程总额，而要看他们是哪种报价体系及约定的材料和工艺，这里面的相差很大。多比较，眼睛瞪大些，先小人后君子，在没有签合同之前，主动权还掌握在自己手中，业务员和设计师还围着你转，一定要问清楚补充协议，即预算和决算之间的差额，实际上这是可以估计出来的，就怕他们存心设陷阱，千万不要被套住头。

四看施工管理水平

主要看现场保护、工期管理、材料验收手续，同时看阶段验收记录和变更记录是否完善。

六、如何选择施工队

如何选择施工队是件很为难的事情，如果站在装修公司的立场上，一定会说游击队没有上岗证、营业执照、固定地点和资质保证，操作人员不固定，技术参差不齐，施工质量无法保证，无法保障后期维修，出现了问题无法制约，坑蒙拐骗，哄吓诈骗，偷吃爬拿，如同把一帮强盗请进了家门，后患无穷。好像只有找装修公司才有质量安全方面的保证。

然而，家装市场就是农村包围城市的局面，大量的游击队活跃在每一个小区。他们凭着自己的技术和人品，得到了业主的信任和认可，凭着口碑，一家接着一家做。他们往往不愿意受装修公司的制约，因为很多的装修公司拖欠他们的工资，必须交纳押金，而且工价低、要求高、不自由。这就是说，真正技术好、能力强的师傅是活动在民间的，同样贴瓷砖，如果他们的开清价是 18 元，而装修公司包括辅材最起码要 45 元 /m^2。所以这些师傅的活忙不过来。

很多人认为，只要找到一个好的包工头整包给他就行了。一般都会找木工出身的工头，因为木工有尺寸概念，能当半个设计师用，而且木工做活比较细，和业主好沟通，比较讲信用。然而每一个施工队基本上都是以地域为群体的，他们往往有一种做派。比如六合、淮安的木匠做活比较细，手艺好；江宁、江浦的水电工比较多，技术含量高；苏北瓦工能吃苦；安徽的漆匠做法传统，能吃苦，表面处理得好。

这样就带来一个问题，施工队的水平是参差不齐的。现在的水电工程远远不是穿个线加几个插座的概念了，牵涉到用电的安全、水路的绝对保障以及高档洁具、灯具的安装。水电工必须有技术，有电工证，规范施工，能够保证后期的维修。所以在选择施工队的时候，一定要考察水电工的水平和可靠性，注意要留保证金和维修费。

虽然现在装修业迅速发展，但即使在农村，愿意吃苦学瓦工的人也不多了，而且瓦工的培养要一个很长的过程，都是靠师傅带出来的，其中有很多的技巧和诀窍，不是民工培训学校速成就能对付的。所以现在很多的装修公司，好的瓦工都调度不过来，这样就出现了很多工程木工活结束了，漆工也差不多了而瓦工还没有干完。原因是这个工种快不起来，一天才能干几平方米，一定要有耐心和细心。而且现在瓷砖越来越高档，大无缝砖铺贴起来很麻烦，要求很高，很多墙体都不平整垂直，有些地方必须带基准线贴，加上业主挑剔，不可能不出现问题。这样就导致了好的瓦工难求。瓦工是老师傅好，瓦工工程的质量最重要。找施工队的时候，一定要落实瓦工，可以带小工，不能转包出去。

这些年由于电动工具的普及，木加工业的发展，现场打造的东西越来越少了，木工只要会钉钉子就能干活了，很少有人从打榫卯家具开始学木匠了。现代的工艺大部分是吊顶、隔断，大衣橱不做门了，用不着实木收边了，门窗套也不做了，都定制成品门了，实际上的装修工程成了组装工程。所以如果能找到好的木匠师傅，不妨把一些大的家具都让他们做，因为自己买材料，加上工钱，一定比装修公司上千元每米的大橱合算得多。只要把造型设计好，功能齐全，多花些时间陪着吃喝，找木匠打家具还是合算的。

漆工是最难管理的，从理论上讲，现在油漆材料的发展已经简化了很多的工艺，油漆化学性能越来越好、毒性越来越轻，劳动保护越来越好。但很多农村青年还是不愿意学这一行，这就导致油漆工素质普遍不高、流动性大、不愿意吃苦、不负责任。几乎没有一个业主对工地油漆工是百分之百满意的。想想看，十几万元都砸下去了，油漆不平整，到处流淌，到处开裂，业主是什么样的心情。所以选择漆工一定要看样板房，看技术水平，还要看人品，漆工做猫腻的手段是最隐蔽、最难处理的。

这样，主要工种工人的技术水平都落实了，就可以和他们谈工价、谈协议了。一种是相互尊重，只要你做得好，多付一些工钱也行。一种是用钱来制约工人，做得不好要赔钱赔材料，先小人后君子。总之不要把人想得太好，也不要把人当贼防，和和气气为好。

七、如何找装修工人

在做工程时，如果我做主案设计，现场由我们控制，我喜欢直接找工人施工，打破地域的界限，哪位师傅手艺高人品好，就请哪位师傅做。这就是我想讲的一个主题，装修行业到底是以包工头为基本单位，还是以装修工人为核心。

几乎所有的装修企业都以包工头的数量来划分企业的规模大小。装修企业要广告投入，要请设计师和管理人员，同时保证一定的赢利空间，就必须收管理费、设计费，这样不光是在预算书上赚几个点，在所有的项目和所供的材料上都必须有赚头，加上包工头的收入，用在家庭装修的直接费用就剩下六七成，甚至更少。

而工人是流动的，今天在这个工地干活，明天自己接到工程了，摇身一变也成了包工头，自己不干活，夹个皮包拿提成了。实际上，很多真正有技术的老师傅是不愿意当包工头的，自己做木工很省心，做出来的活主家喜欢，多拿几条香烟心里也快活。如果让他从头到尾管水电油漆，不断地处理、协调纠纷，到最后也没有赚多少，还不如做木工稳当。

现代通信技术已经普及，每个人的技术水平有高有低，老大的水平好，老二就不踏实，这种事情太多了，一定要落实到个人，以个人的诚信和技术水平为整个行业的基础。以包工头为单位，就会有磨洋工、不负责的现象，而且包工头自己不干活，就发现不了问题，只想着从材料上捞外快，剥削其他工人，经常发生包工头打着公司的牌子赊欠蒸发的案例，用押金也制约不了他们。

找装修公司要看领导人的出身、文化背景和经营模式，找施工队看地域，找装修工人看手艺。方法很简单，每一个小区在装修的时候都有很多的工人在施工，他们一般不喜欢关门，很欢迎参观，几家一比较就可以看出哪家的工人水平高了。

装修公司的历史不过是十几年，而营造业已经生存、发展了上千年，鲁班的智慧、关公的信誉、范蠡的精明都存在于民间，虽然以前工匠的活动空间就是方圆几十里，可今天工人还是要靠口碑接业务的，建立起工人的信用档案，记录下技术水平的高低是很有必要的。

找工人施工不要太苛刻，因为他们有档期、期望活能接得上来、有农忙节日、家里的亲戚事情多，只要认认真真地把活干完，能够保证维修问题就可以了，注意要签协议，留维修金。另外，要做好预算工价表。

现在很多的建材超市为了提高销售额也推出了包清工服务，条件是主要的装饰材料要在商场选购。他们的工人一般素质都不错，比较稳定，但还是包工头制，不过是叫大队长、小队长罢了。

现在一些油漆的品牌已经推出了喷涂服务，他们的工人就是淡季也有基本工资，按照工作量提成，服务得很规范，解决了油漆工程的质量问题。地板、扣板、橱柜、水路的安装工人都非常职业化。可以预见，今后的工人会更加专业、高效、敬业。

八、家装设计

现代家庭装修已从简单装修发展到系统工程的阶段，新的生活方式要求室内空间具有不同的功能，不光要有物质上的满足，还要有精神上的需求，以人为本。室内设计像一棵树，根植于室内的空间环境、视觉环境、光环境、空气环境和心理环境，需要考虑方方面面的因素。随着社会的发展，这些因素还会变化，制约的因素很多，家庭成员在不同的时期有不同的生活方式，不同的房子总会有不足之处，怎样化解，怎样烘托室内温馨的气氛，体现文化氛围，这些都需要专业的室内设计师为您服务。

目前，优秀的设计师大多从属于一些装修公司，很多人往往从公司的角度出发，向您推荐时尚风格，用高档材料，搞复杂造型，以取得利润，拿提成。甚至有在签约前设计师答应你所有的要求，签单施工后项目经理、工人不认账的情况，公司为了自身的利益，说设计师说话不算数，设计师已被辞退这样的案例时有发生。

所以业主一定要有自己的主见。本来自己家就是自己做主，只有自己才知道自己喜欢的风格，因而要自己确定主案设计。

如果给设计师牵着鼻子走，把他的喜好强加在你的空间中，多花钱看着还不舒服。如果你自己一味地坚持自己的方案，不听专业设计师的建议和忠告，最终效果就会很杂，毫无风格可言。所以应该把设计师当朋友，和他们接触一段时间，看看你所期待的和他能帮你营造的空间能不能吻合相近，这是一个共同创作的过程。

一个优秀的设计师必须具备以下的素质
①丰富的空间想象力；
②扎实的工科基础，丰富的社会履历；
③超前的审美意识以及表达能力；
④熟练的绘画技巧，踏实的绘图技能；
⑤贴切的语言表达能力；
⑥良好的人际关系以及与业主的沟通能力；
⑦较强的组织能力；
⑧较强的经济核算能力；
⑨了解市场行情，熟悉各种装饰材料性能；
⑩丰富的施工经验以及敬业精神。

　　可惜培养这样的设计师太难了，随着家装市场的成熟和分工的完善，独立设计师＋配材中心＋工程公司或施工队这种模式会得到认可，被普遍接受。这样，就能规避很多的风险和不确定的因素。

九、如何确认设计风格

在以前简装修的阶段，一般家庭只是在地面铺设地板、地砖，卫生间用白色洁具，白色的墙，简单的橱柜，基本上受装修材料的制约，满足实用的功能，至于艺术品位，完全靠后期装饰布置，所以不需要专业的设计师作总体策划。

随着经济的发展，人们物质条件的改善，装饰产业的飞速发展，家装配套材料的丰富，人们面临的选择越来越多，对空间的审美要求越来越高，已经不是看中什么就把什么东西抱回来的概念了，而是要有一个总体的、协调的、有品位的、有格调的风格设计。在大的基调确认后，然后再找装饰材料、配套家饰与之协调。

所以在搞家装设计时，业主首先要告诉设计师自己喜欢哪种风格，例如在哪个具体的区域用简约风格，书房用古典中式，儿童房用超现代流派，这样设计师才能根据你的基本要求，发挥他的想象与灵感，作出有创意的设计。

什么叫室内装饰设计风格？一般是将室内具有的某种特定的形式、特殊的色彩搭配和独特质感的家具、用具、饰物按一定的方式组合起来，并在一定的背景环境中产生出来的一种艺术效果，统称为装饰设计风格。这是现代室内设计的理念，发展的历史不长，却涵盖着社会的方方面面，是一门综合学科。

我个人认为，室内设计的风格和业主本人的文化背景、地域文化、个性特征有直接的关系。同样一所房子，美国人住进去，就会把空间变得很整洁流畅；港台人住进去，就会布置得很细致豪华，曲径通幽；文化人搬进去，只要有书相伴，艺术品点缀，陋室也能生辉。

所以，在我的职业生涯中，我更多的是琢磨业主的文化背景、个性特征，尤其是地域文化、年龄、职业，这些很重要，他们对空间的要求是不一样的，什么样的人就有什么样的家。

现在一般有几种风格和流派比较常见，得到业主的接纳和喜爱。

古典欧式 （图1）

沉重的橡木凹凸门，高大的护墙板，花哨的石膏线条，壁炉，水晶吊灯富丽堂皇，富于贵族气息。气派的楼梯，每个区域都是高档的花墙纸，家具都是非常考究的实木家具，卫生洁具都是品牌顶尖级的，地板

—策划·选材·施工三部曲

第一篇 前期策划

图 1

是深色实木的，铺上很精美高档的羊毛地毯，细腻精致的窗帘织物，完美的绿色植物配置，留下宽敞的活动空间。非常温馨舒适。

这样的空间环境，大多数都是成功的上层人士的私人空间，他们既有丰富的生活阅历，又有经济实力，见多识广，对生活的品质要求很高，尤其对生活的硬件设施要求更高。就是说在古典欧式的装饰背后，埋藏着现代工业的基本设施，中央空调、地暖、智能居家系统、防盗报警系统一应俱全。一般别墅的设计用这种格调，讲究的是材质、工艺、色调和整体效果。

现代欧式简约派 (图2)

现代风格起源于 1919 年成立的鲍豪斯学派。特点是突破旧传统，重视功能和空间组织，注意发挥结构构成本身的形式美，造型简洁，反对多余装饰，崇尚合理的构成工艺，尊重材料的性能，讲究材料自身的质地和色彩的配置效果，发展了非传统的以功能布局为依据的不对称的构图手法。强调设计与工业生产的联系。

简约主义风格突出的特点是简洁、实用、美观，兼具个性化展现。以北欧的家具和设计为代表，同时很强调从功能观点出发，所以宜家的家具风格一进入中国，就得到了年轻一代的欢迎，改变了很多人的传统观念，让生活变得轻松。

白色门窗，清新典雅，简洁的室内家具，流畅的空间设计，明亮的色彩对比，以人为本的设计理念，和谐美丽的小品点缀，温馨的室内软装修。

白色运用在小面积住宅上能在视觉上起到扩大面积的作用，设计简洁又不失个性，重要的就是注意色彩与材质的对比，适当运用插花等软装饰来点亮居室环境。

由于很多年轻人在买房后就成了"负翁"，还贷的压力很大，以致把室内装修的资金压缩再压缩。然而他们又喜欢出新意、与众不同、搞出自己的个性，而现代简约式迎合他们的审美情趣，更重要的是这种设计风格可以集成化装修，可持续发展。比如白色的门就可以用比较便宜的模压门，上门安装，减少了现场制作的麻烦；不做吊顶；用轨道射灯同样可以渲染艺术挂饰；复合地板或者多层复合木地板，安装快捷，价格低廉，空间整洁舒适。只是背景墙复杂些，由于液晶电视的普及，多媒体的应用，电视也不再是家庭的中心，无须太花哨。墙壁倒是可以带些色彩的，自己喜欢就好。

图2

这种简洁的装修理念和模式越来越普及，我在监理的时候很喜欢到别的房子去参观，可以说，有一半的家庭，最终都是采纳了现代简约式，装修完了，别人觉得没怎么装修才是好装修。

古典中式 （图3）

红色大门，栗色家具，窗棂格，木隔断，多宝格，太师椅，名人字画，体现出了中国传统文化。中国传统崇尚庄重和优雅。地面可铺手织的地毯，屋顶饰以红色木格式灯具，墙面挂上几幅名人字画，窗口挂饰精致的竹帘，墙角放置一个古色古香的花架，用隔扇、罩、架、格屏、帏幔对称轴线等中国特有的装饰手段，就能构成完美的传统居室的装饰风格。

然而业主毕竟生活在现代，不可能全部采用中国传统装饰语言，要有继承和发扬。新古典主义的设计风格，就是用现代的材质打造简化了的古典家居风貌。摒弃了过于复杂的肌理和装饰，简化了线条，

图3

第一篇　前期策划

并与现代的材质相结合。华丽古典的风格讲究的是从容稳重、华贵内敛，而现代古典中式则掺杂了现代人家居生活的特点，即使在中式餐桌上也能吃西餐。尤其是空间的布局、功能的划分，每一个人的私密空间这些理念是传统中式大家庭结构中所没有的。一个空间不是放了红木椅，做了窗棂格就是中式装修，而是要发掘中式装修的精神实质——鲁班式的精工细雕、用料的考究、细节的处理，这样才符合大多数中国人的审美情趣。

和式风格 （图4）

原木色，低矮家具，木格推拉门，平铺榻榻米，日式插花，小桌，很有东方神韵。我国和日本一衣带水，很多文化传统是相通的。和式设计最明显的设计特征是采用清晰的线条，且在空间划分中摒弃曲线，使得居室布置优雅、纯洁，具有较强的几何感，在总体上着眼于营造温馨、亲切的居

图4

住氛围。以木格拉门和木板地台为代表。

在装修工程里，做和式装饰是比较高的境界。首先要有高水平的设计师，了解和式装修的精华所在，有很严格的尺度限制和技术水平，因为大部分和式设计都采纳了地热装置。

其次要非常精通装修工艺，那些木结构装饰构建，必须要有非常规范的图纸才能施工。而且后期艺术品的布置，如果不懂日本的历史和文化的倾向，那就是不伦不类。

关键是和式装修施工时不能随便，因为和式装修大部分使用原木色、白木、白桦、白橡这些高档木料，非常讲究接口和工艺，对油漆的要求也很高，所以这种高品质的简洁装修风格受到了高级白领、海归派、商务人士的欢迎。

乡村田园式 （图 5）

把现代化的工业生产与传统工艺相结合，创造了既有现代感又富有自然情调的居住环境。人们运用天然木材来进行居室装饰，并通过木材的纹理、节疤来表现美，以增强室内的自然气氛。

图 5

乡村风格的主要特点是舒适与自由自在。在乡村风格的设计中，一定要有宽大的空间、柔软舒适的大沙发、充足而柔和的阳光以及绿色植物的点缀。乡村风格的装修，为热爱自然、热爱生活的主人提供方便的起居。

杉木装修，原木树皮贴墙，文化石当装饰，令人放松，回归自然。运用木屋架、清水墙、树根、木家具等，使室内成为大自然的延伸，形成富有自然情趣的田园风格。强调色彩柔和、协调，配饰大方稳重，以木质材料为主。设计上注重实用和舒适，摒弃过于夸张的雕琢性饰品。"雅"字则主要在软装饰上体现，受到了文化界人士的欢迎。

港台豪华风格 （图6）

港台风格对于内地装饰风格的影响很大，很多电视剧上的场景都起到了示范作用。港台风格的特点是整体环境的渲染，对细节的讲究，用料的考究。华丽的大理石，花岗岩，高贵的艺术玻璃，昂贵的家具，讲究的摆设，彰显主人的身份与地位。

这种风格必须要有专业的设计师担任主案设计，每一项主材都要事先约定封样，大部分小品、装饰、家具都是在现场制作，非常讲究时尚，现在已经发展为一个很大的产业。

总之，各种风格适用于不同的人群、不同的阶层、不同的地区、不同的时期。室内设计时要适应和引导潮流，既要继承传统，又要有所创新。一个好的设计一定要有一种理念、一种内涵、一种象征。

图6

十、如何作平面总案设计

平面总案设计是家庭装修设计的基础，体现了室内各区域的功能、家具摆放的位置、室内设施的尺度、主要建材的应用以及空间走廊的区域。是水电路设计、吊顶地面立面设计图纸的参照，也是一个好的家庭装修设计的主体部分。

首先是功能设计，一个好的设计要看设计空间是否紧凑、是否自成单元，交通线路是否流畅；另外看设计是否最省面积，各区域比例是否协调、开放、明亮，是否有层次、有序列和有延伸感；还要看是否有可变空间，令使用持续发展。这些都能体现出设计师的功底，需要经过很多次的探讨协商后才能找出最佳的方案。

虽然建筑空间限制了室内设计师的灵感，但仍给其很大的时空感，设计师既要尊重建筑师的设计理念，尽量不破坏建筑结构，又要敢于改动不合理的部分，使之符合现代人的生活方式。我的设计理念是每个人都应有自己的私密空间，保持自己的生活方式，互不干扰。每家都应有交流的场所，体现家庭的温馨和家人的团圆。

区域设计

1. 门厅（图7）

门厅的主要功能是缓冲、更衣。玄关是近几年从港台地区流行过来的，起到隔断、鞋柜的作用。设计要气派、艺术、实用。门厅是中式思维的体现，要求曲径通幽。有条件的家庭都应有这样一个过渡空间。

2. 客厅（图8）

图7

图8

策划·选材·施工三部曲

第一篇 前期策划

客厅是家庭的核心，是接待客人的地方，古代就很重视中堂的设计。客厅是主人的文化修养、社会地位和经济实力的体现。外国人称起居室，是家人休闲的地方，现代人已经把客厅和起居室合二为一了，其中电视成了中心，电视柜和沙发是主体。所有的风格都在这个区域体现，设计师会建议你做个吊顶，做个地台，实际上这个区域的设计师是你，一定要有你个人的想法，设计师只能从专业的角度帮你把想象变成现实。

3. 餐厅（图9）

餐厅是家人团聚的地方。设计应以暖色调为主，以促进食欲。如果空间足够大，应放置备餐台或酒柜以此营造一个稳定的空间。

4. 书房（图10）

书房是容纳了精神享受的静态活动空间，是文化的载体和知识的体现，也是生活的平衡点。设计要典雅、实用，能容纳主人所有的收藏。

5. 卧室（图11）

卧室是休息场所，私密性强，设计要宁静宜人。要有足够的储物空间，各种家具的位置要合理。用窗帘、床罩和地毯来烘托出一个温情空间来生息养息。

6. 儿童房（图12）

儿童是全家的希望，房间设计应活泼，尺度与年龄相协调，这里是最能发挥设计师

图9

图10

图11

图12

想象的空间。设计要平衡好随意与次序、活跃与安静、独立与监督之间的矛盾，还要注意色彩的搭配，来满足孩子休息、学习和娱乐的需要。

7. 卫生间（图13）

卫生间是使用频率较高的场所，同时也是装修难度较高的地方。要考虑到照明、通风、温度、湿度等物理因素，要参照人体工程学、色彩学和流行时尚因素。

8. 厨房（图14）

厨房是家庭主妇的活动场所，牵涉到水、电、气，是最难设计的。首先要考虑到工作流程，切、洗、配、烧都得合理，还要考虑到储藏空间和光环境。设计一定得仔细。

9. 阳台（图15）

现在大多数家庭都把阳台封闭起来，里面还放了洗衣机和洗拖把

图13   图14

图 15

图 16

池，或做成了花房，这样就少了一个与自然接触的空间，对老人和孩子是不利的。因此设计要尽量避免阳台封闭而遮挡阳光。

10. 储藏间（图 16）

主要功能是储物。国外很重视这个空间的设计，不仅要挂衣服，还要有裤架、领带架和衬衫格。此处要求规划得很细，让家庭主妇去设计吧。

风格、功能设计好后，就应进行材质设计了。

十一、如何作材质设计

现在家装设计很大程度上受流行潮流影响，先是水曲柳一统天下，后来因为其色差大，易变形、扯皮而被淘汰。前几年流行榉木装修，后来又流行黑胡桃，这几年很多人家都用白色混油的装修风格，这些都是从众心理的体现。随着社会的进步、经济水平的提高、审美情趣的变化、创新意识的增强，个性化设计逐渐成为家装设计的主流。

实际上，设计师对于材质的搭配选择有很大的空间，高度发展的建材业给选择提供了可能。

家装设计的主体是木装修设计，下面介绍常用面材的特点和搭配（表一、表二）。

白影、红影、雀眼、猫眼、树瘤等板材一般都是用来点缀效果的（图 17）。

木装修的材质确定后，就应搭配软装饰的色调。一般有以下几条配色规律（表三）。

石材是家装的重点，价格相差很大，色彩也很难控制，还要考虑环保的因素。业主选择时应注意台面用大花绿，地面用金丝米黄，橱柜用黑色花岗岩。红色的花岗岩因为有放射性，现已很少用，所以尽量用大理石，不用花岗岩。石材的巧妙选用是主人身份的体现和实力的象征。

常用面材材料特点

①水曲柳：花纹自然、大方，价廉物美，但有色差。

②沙比利：纹路直，色彩浓重，大气，偏深红。

③花梨：红木色，纹路曲折、自然，传统。

④红榉：纹路较淡，肉色，有斑点，高贵大方。

⑤白榉：清雅，细腻，典雅清秀。

⑥樱桃木：粉红，花纹不大，文静耐看。

⑦白橡木：大花纹，色浅，沉稳实惠。

⑧枫木：原木色，有清雅的花纹。

⑨泰柚：深褐色，直纹，庄重大气。

⑩黑胡桃：浅黑色，直纹，高雅。

表一

常用面材材料搭配

①现代欧式风格选用黑胡桃与白胡桃，与白色的墙形成对比，彰显高贵。

②古典欧式风格选用白橡，刷白色，白门、白窗、白墙，典雅。

③港台式风格选用榉木，温馨、富贵。

④乡村式风格选用水曲柳，亲切，有回归自然之感。

⑤中式风格选用花梨，富丽堂皇。

⑥和式风格选用枫木，宁静平和。

表二

第一篇 前期策划

配色规律

①家庭装饰应以暖色为主，中色系用得较多，驼色的沙发布料、窗帘、床罩，芸香木的地板以及红樱桃的板材可以营造出家庭的温馨氛围。

②冷色调已被人普遍接受，黑色的门、深色的餐桌、透明的茶几和素雅的装饰，可以烘托出现代时尚氛围。

③大量应用绿色，人们普遍向往大自然，暖色的空间易让人疲劳，用绿色可以起到平衡作用。绿色的窗帘、植物和摆设，让家生意盎然，成了宁静的港湾。

④红木家具永远不会过时。中国人有自己独特的审美情趣，红色给家庭带来喜气，体现了传统文化的底蕴，百看不厌。

表三

图17

十二、如何作水电路设计

　　水电路设计是家装的重点，也是家装公司的实力体现。很多施工队是不具备水电路设计能力的，作为业主你得明确各区域用电的需求，让专业的设计师为你作专业的设计，才能保证整项工程的安全。

　　在当前的家庭装修中，电气总开关已得到了广泛的应用，每户的电表容量在20~40A之间。进户线是2.5mm²的可同时使用一台洗衣机、一个微波炉、一个电饭煲、一个消毒柜、两台空调以及照明等，总量在4400W以内。电表额定电流为20A，若已增过容，额定电流为40A，进户线为6mm²，即可满足现代家庭的需求。一般线路用2.5mm²的铜芯线，柜式空调、电热水器用4mm²，电话线与电视线等信号线不能与电线平行，以免干扰。另外，还得统筹考虑宽带网线及音响线等。

　　一般家庭的配电方式如下（图18）。

　　1，2，3路——漏电保护器，40A；4路——照明1，10A；5路——

照明 2，10A；6 路——柜机插座，20A；7 路——普通插座，16A；8 路——主卧空调，16A；9 路——房间空调，16A；10 路——卫生间插座，16A；11 路——电热水器插座，16A；12 路——厨房插座，20A；13 路与 14 路为备用线路，16A。若有智能箱以及次卫生间，还得另放几路。

灯具为单独回路，数量不能超过 25 只，插座也是单独回路，数量不

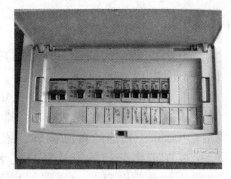

图 18

能超过 10 只。厨房及卫生间的插座使用比较频繁，开关除了要有同时切断零线与火线的功能外，还要有漏电保护功能。卫生间的插座还要防水，有盖的较佳，所有电线都得穿管，不能直接埋在墙内、地板下或木器里，不能用硬管的地方要用软管，尤其是在吊顶里，千万不能因为图省事而乱拉电线，避免造成事故隐患，酿成大祸。

水路设计专业性很强，首先要确定电热水器的位置，今后的趋势是电会越来越便宜，煤气会涨价，而且电热水器的出水温度均匀，所以每家在装修时都应留好电热水器的位置，通常是热水在左，冷水在右，间距 150~155mm。水路要最佳、最近，管路不要交叉，实在避免不了应装过桥管件，尽量从天花走管，不破坏地面防水层。

以前装修时使用的热镀锌管易结垢，易形成锈水，使用寿命短，现已基本不使用。现在使用的铝塑管施工简单，保温性能好，使用广泛，有冷水管、热水管、煤气管之分。冷水管耐温不能超过 65℃；热水管耐温不能超过 95℃；煤气由于含苯等不饱和芳香烃，会对聚乙烯有融涨作用，所以煤气管的聚乙烯中要加抗融涨的物质。铝塑管缺点是接头中有橡皮垫，易老化，有渗水的可能。煤气管改造一定要找煤气公司专业人员来操作，以选用镀锌管为佳。

现在家庭装修大多采用 PP-R 管。PP-R 管也有冷水管和热水管之分，热水管标称耐压 2.0MPa，壁厚 2.8mm；冷水管标称耐压 1.6MPa，壁厚 2.3mm。外径 20mm 4 分管和外径 25mm 6 分管的壁厚分别是 2.8mm 和 3.5mm。PP-R 管的好处是管件便宜，施工简单，抗渗漏性好；缺点是如果加热过度，管径会缩小，水流变小，而且存在老化问题。

五星级酒店的水路全都是铜管焊接的，英国 90% 的家庭也是用铜管，优点是卫生、可靠、工业化程度高，但一般人还没有接受这点。现在已

经有外面是 PP-R 管可热熔，内芯是铜管的产品，虽然价格高，但是可以一步到位，永久平安。

下水也是个大问题，设计时应重点考虑。开工的时候就要布置好走向，不能出现渗漏问题。

电盒的高低也需要业主自己定。一般地插座的下边离地面 30cm，开关 130cm，壁挂式空调 200cm，排风扇 200cm，洗衣机龙头 150cm，厨房插座 100cm，其他的自己调节，感觉合适即可。

现在很多公司的设计师是艺术院校毕业的，没有工科的基础，所以他们的水电路图只是示意图。到了现场，完全由水电工说了算，如何走向、如何改造并不合理。加上水电工程很多公司按实际米数结算，导致水电这项超预算严重，无法控制。实际上，完全可以在图纸上预先标好水电的走向，在量房签协议的时候就约定工程总额，以此限定波动幅度。

十三、如何完善设计图纸

一套完整的图纸应包括如下项。

1. 原始平面图

每次上门测量时，应测量每一个尺寸，包括门边、门高（MH）、窗台高（CTH）、窗高（CH）、层高（H）、管井尺寸、抽水马桶中心距及落水管距离等尺寸。这些数据可作为计算面积和确定设计方案的依据。

2. 平面布置图

将各种设施按比例布置在室内空间，标注出各区域的地面材质，直观地表现各区域的空间和功能，体现业主的需求以及设计师的设计理念。平面布置图是业主与设计师交流的主要媒介，也是其他图纸的根据。

3. 平面定位图

有一些房子墙体要改动，房子各区域要重新划分，家具要合理摆放，在此基础上才能出电路图、天花图和家具图，所以这张图是必不可少的。尺寸要细，把每件家具的尺寸都定下来，以便施工。

4. 吊顶天花图

图内要清晰地标明吊顶的造型、尺寸、材质、标高、工艺要求、局部大样图和节点图，作为施工的依据。

5. 电器插座图

由于原建筑设计往往不合理，以及现代家庭电器的增多，要增加不少电器插座，图中要标明插座的位置、标高、功能和种类。这类图纸要采用建筑类图标，直观规范。

6. 开关布置图

该图要标注出电路的走向，以免施工时打到电管，造成事故隐患。还可据此计算出电线的长度，以防被宰。

7. 水路图

隐蔽工程一定要留下资料，通过后可算出所用接头数量、水管的米数和阀门的位置，以备后患。

8. 门窗套结构图

一般公司不愿意出这张图，因为门套的做法有很多种，用什么线条、什么样的止口、什么样的材料都关系到成本、利润、外观和档次。应事先约定好，以防扯皮。

9. 立面图

设计师要表达他的设计理念，只有通过立面图才能表达清楚。这类图一般多沿用中央美院的规范，把各种材质、结构和工艺要求标注出来，以此达到指导施工的作用。

10. 家具橱柜图

家具橱柜图是给业主和工人看的，应参照人体工程学，直观地表现它的功能，不能只标注大尺寸，还应有内部小尺寸，尤其是橱柜图，各种功能都得具备。室内设计师也要有整体布局和色调上的考虑。

随着产品的工业化程度以及人们消费水平的提高，成套橱柜已经形成市场，到了品牌阶段。他们有专业的设计师，可以确定水电路的位置和走向，橱柜的功能设计也很合理，所以这部分工作就由专业橱柜设计师来操作了。

11. 效果图

现在电脑制图很普及，可以方便修改，形成虚拟空间效果但价格也高。作为一名设计师，用手绘效果图给业主展示空间效果是很有用的，是基本功，我就喜欢用透视图来表达具体空间，并标注相关尺寸，直观，很受业主欢迎。

现在很多公司打出的广告上承诺免费设计，那种图是不能施工的。也有的公司收高额设计费，每平方米 40~80 元，一套 100m² 的房子就要 5000 元以上，一般消费者是承受不了的。我认为作设计也是一种劳动，应该得到报酬，因此可以把设计从工程中分离出来，既可为业主设计出最佳方案，也能使设计师的价值得到体现，这样更合理。

对于总案设计、风格设计、材质设计及艺术品配置设计需要找专业的室内设计师进行设计，而对于水电开关布局，家具的结构、节点的详图的设计就需要找工程出身、懂家具设计而且 CAD 图纸水平过硬的技术人员来执行了。

十四、如何看待室内风水

室内设计是个传统的行业，是建筑设计的一个分支，也受传统文化的影响，人为心理的因素很重要，不光是家具设施如何摆放的问题，更是业主和房子融合的过程。

现在有两种趋势，一种是故弄玄虚，滥用风水理论搞了很多的禁忌，如门不能穿心，灶台不能对着阳台门，细长植物会引起夫妻口舌纷争，厕所不能占中宫等。我买了很多风水方面的书籍，结果一本都看不完，内容太繁琐了，误导人们只要按照了书上的做，买什么东西化解就万事大吉了。其实这是用风水禁忌来钳制业主，以此达到扩大工程量盈利的目的。

现在很多主卧室都带卫生间（图 19），这是建筑设计的进步，家人之间不相互干扰。而有些设计师认为卫生间的门朝向不

图 19

好，对主人的运程有影响，一定要化解，让它看上去不是门，是一堵装饰墙。于是业主多花了一倍的钱，做起来的门墙在结构上却是不合理的，工艺上也很粗糙。我看过三个门，一个是太高，2.4m，使门结构严重变形，开启不灵活。一个是接口处理得不好，线条不吻合，结果被丈母娘拆掉后重做。还有一个没有门止口，使用球头锁，结果是门铰链安装角度不对，开启不方便，门间隙很大，厕所的味道向主卧里扩散，十分难受。

还有一种趋势是极简主义，受西方后工业文明风格影响，家里都是冷色调，长线条，追求一种酷，根本不考虑居住者的心理需求，摒弃传统设计中天人合一的理念，人成了房子的附属品，冷冰冰的，这样的房子不是给人住的，只是为了给人看的。

我国传统建筑文化历经数千年不辍的发展，形成了内涵丰富、成就辉煌、风格独特的体系。其中在建筑选址、采光布局等方面都有科学的

一面。然而，现代的建筑结构已不同以往，其环境、户型、位置、朝向在很大程度上受经济的制约，而不是可以由自己任意选择的。在这种布局下，老是强调门如何开、镜子怎样挂、鞋柜里的鞋头朝向哪等就有些装神弄鬼了。但是床的上方有梁确实不舒服。我的一个工地，设计师为了扩大工程量，在床上做了一个灯槽，造成了梁压顶的效果，被我拆掉了，改成床后靠泛光灯带，这样便能烘托出卧室的温馨氛围。

现代家居的风水理念应该是科学和艺术的结合，是应用空间效果来影响居住者心情的边缘学科。我觉得顺是第一位的，走路要流畅顺利，不要用过多的隔断和小品把路堵住。美观是重要的，玄关基本上能体现出业主的品位和审美情趣，所以很多设计师都非常重视玄关设计，玄关的作用是避免外人一览无遗地看见家人的私密活动。玄关一般都是当鞋柜用，也就是说玄关要把艺术和实用相结合，这才能体现出设计师的水平。很多人喜欢用地灯来渲染门厅的氛围，而忽视了鞋柜的内部功能，结果是入住后玄关旁边摆了一大排鞋子，凌乱不堪，很煞风景。

实际上，门窗的装饰是家庭装修的重点，很多人在装修后深有感触地说，装修其实只是装饰了几个门，但门的造型、材质、工艺对整个室内的环境渲染有很重要的作用。门面门面，就是要做好面子工程，讲究工艺和材质、安装质量，尤其是门槛，这就是衡量施工水平的标准。

总之，室内设计一定要考虑人的因素，而且要考虑全家人的需求，让每一个人在每一个空间都感到舒适，只有整体协调、流畅，有艺术情调的设计才是好设计。

十五、如何作预算

作工程预算是装修工程中一个非常重要的环节，也是一个敏感的区域，往往装修公司是不把预算表公开的。广告上有许多促销手段，以低价来吸引顾客，如豪华装修三室一厅 3.48 万元，乳胶漆 1 元 /m²，非常诱人，可实际上建设部有规定，建筑面积 100m² 以上，每平方米的造价在 1500 元以上的装修工程才是豪华装修，花费 3~4 万元的装修只能说是简单装修，根本豪华不起来。

广告上的价位和实际市场上的价格相差很大，自己家的装修到底应花多少钱，什么价位合理，能否保证质量，让每个消费者困惑。

预算也有很多报价系统，存在许多套头伎俩，让你防不胜防，买的总是没有卖的精，能把你气吐血。我曾经为某研究所的一位干部审核预算，他请的是为本所搞基建的工程队，人看上去很老实，可报价却不老实。他采用的是基建报价系统，很细、很乱，也很烦。他把打家具分成毛胚和油漆两块，加在一起远远比市价高，另外，把每项安装工程拆开来算，装台盆、装五金、装座便等各多少钱，累计起来就很高。同时代买不少水暖洁具，也大赚一笔。这样，一项五六万元的工程，报到了8万多，老板还说不赚钱。实际上他们搞建筑的把高额回扣、层层转包的费用都算在里边，做法跟强盗一样。

一般装修公司的预算表是按间报的，就是说门窗、乳胶漆、地板、天花是分开来算的，这样厚厚几张纸，每个具体项目收费都不高，可实际上这样繁琐的做法是为了把业主的头绕昏，让你无从下手还价。还有人套用建筑上的人工费、辅材费拆开来算，更是狗肉账一笔。我一般都是归纳、简化，即把拆除工程、水电工程、瓦工工程、木工工程、油漆工程的总工作量算出来，一共要打多少家具，事先把价格谈好，简简单单的一张纸就可以包括所有的项目，这样按实际的工作量计算，出入就不会很大，决算时把增加的工作量和减少的工作量抵冲，要花多少钱，心里就有数了。

十六、如何签合同

装修合同是装修工程中最主要的法律文件，当所有的设计和工程预算都谈好后，签订合同是前期工作的最后一步。签合同时应当十分谨慎，看清各项条款，明确双方的义务和责任，以免发生纠纷。

装修合同的文本有许多种，有建设部的、轻工部的、家装行业协会的以及各公司自己制定的，五花八门，都在尽力维护自己的利益。一般来说，业主是处于弱势的，这一点从付款方式就可以看出。开工前付50%，工程过半后付40%。所谓的工程过半是指水电一期结束，瓦工结束，木工框架打好，此时工程款只用了50%，可钱已要走90%，装修公司的利润30%已拿走20%，风险全在业主一边，于是业主已失去了用钱来制约装修公司的手段。不要轻易相信有的公司打出的先装修后付款的广告词，因为那个合同可能定得更苛刻。

在合同执行期间，最大的问题是材料问题，一般装修公司签合同时都会附带一张材料表，事先约定材料的品牌、价位和施工工艺。现在很多装修公司都是层层转包，公司收取一定的利润后就让项目经理操作了。有些大公司指定供货商，但项目经理为了争取更大利润，往往还会变通，

一般装修合同由以下几部分组成

①施工地点、名称——合同的执行主体。

②甲乙双方名称——合同的执行对象。

③工程项目——合同的内容，包括各种当量、材料、工艺、式样、造价等，以预算书、图纸、附件等形式约定。

④工程工期——预计工期为多少天，因某一方的原因延期后应付的违约金。

⑤付款方式——合同的核心内容，一般装修公司的付款方式是按50%、40%、10%的比率形式。业主应争取第一期少付钱，工人进场后，基本上可以看出他们的人员素质、技术水平和公司的管理水平，发现问题后用第二期款来制约他们，尾款要保证维修及时，不能上当受骗，只有钱才能制约装修公司。

⑥工程责任——对工程施工过程中的各种质量和安全责任作出规定。乙方严格按施工图纸说明文件和工程进度、规范级别标准进行施工，并接受甲方监督。乙方提供工程施工进度表、工程分段验收表和竣工报告，由甲方签收。

这里解释一下有关竣工的概念。竣工为施工结束，工人撤场，但不代表完工。它把一些遗留问题留在维修范围。乙方提交了竣工报告后3天，若甲方拒签，即视为竣工，甲方就要负延期付款的责任，受到处罚，这点对甲方很不利，需要特别注意。

另外，还应讲好水、电、煤气费等问题。工人在装修期间所发生的费用应由乙方承担，否则会扯皮。

⑦双方签章——甲方应指定一人与乙方联系，并承担相应的责任。乙方在签订合同之后也要承担相应的法律责任。

同样的品牌有等级，没有实现约定的材料就蒙混过关，9cm柳桉芯的多层板换成7cm杨木芯的，根本无法制约，他们连钉子都会省，这就是现存机制下的猫腻，这些都值得业主注意。

所以在这种不利的情况下如何维护业主的利益，就要用智慧了。一般让你签约的都是设计师，他们急于拿提成做业绩，装修公司之间的竞争也很激烈，因而他急你不急，你要一项一项慢慢谈。首先要事先约定材质，很多公司的合同上规定板材是某著名品牌的，而实际上品牌中也有等级和厚薄，而且那些大市场的老板，包工头要什么品牌的材料他们就贴什么牌子，制假的手段十分了得，所以在签约的时候，应该让他们出小样，封存后再验收，这种方式验收材料样板在境外和沿海地区是基本的做法，可以防止包工头在材料上要花样。

然后是增加补充条款。往往设计师口头答应的东西，包工头不认可也不执行。尤其是油漆的工艺，合同上写的三底两面，工人施工时会掺水刷，糊弄人。这时候补充条款就发挥了功效，如果太薄了、不到位，就有权利让他多刷一遍。补充条款上不要明确延期罚款金额，遇到问题时业主要维护自己的权益。

付款比例基本上没商量，和装修公司签约，实际上就是套住了你的头。唯一的方法是规避风险，减少工程总额，不要把鸡蛋放在一个篮子中。现在很多装修公司靠工程盈利已经无法维持高额的广告和办公费用了，于是就靠推销材料、提高工程单价及扩大工程量来套资金。只要交了一期款，就能保证工程盈利，而这个时候，业主既不知道项目经理的管理水平，也不知道工人的施工水平，更不清楚材料的质量，只有靠碰运气。所以签约的时候，付款额能减则减。另外，装修公司拖欠材料商钱的事情是业内的普遍现象，如果把主供材料加在工程总额中，装修公司很可能推销给你劣质材料，那业主就处处被动了，这点需要特别注意。

有的公司就规定了最低装修总额，业主如何在可选择的范围内保护自己的利益，就要看如何周旋了。我的一般技巧是：把大项分包，部分材料在装修公司配送，工程总额刚好在起步价上，最后再扣他们尾款，这样可以尽量避免损失。

当工人进场一半以后，他们的技术水平、管理水平也基本上表现出来了，这时再考虑增项也不迟。

在签合同时，光看条款是没有多少用的，一定要力争把每一样事情都搞清楚。装修公司想赚材料钱，设计师想拿材料回扣，包工头要赚辅料钱，每一方面都要考虑周全，尽量避免上当受骗。

另外，业主在签合同的时候，要知道工程由哪个项目经理负责、工人的技术水平如何，光看样板房是没有用的。自己的家要交给什么样的人装修，心里一定要有数。

第二篇
材料选购

十七、如何选择空调暖通系统

现在家庭装修首先考虑的是舒适度，业主肯在硬件设施上投资，这样，家用空调系统就成了人们关注的焦点、市场的热点及商家竞争的重点。选购时首先要确定空调系统的模式，以下的方案可供选择。

①传统模式（图20）——分体空调，柜机加挂机，加上热水器、浴霸，能满足制冷制热的需要。缺点是空气流通不好，浴霸烤人，不够舒适。

②小康模式（图21）——分体空调加地热，地热的造价不高，舒适，运行成本不高，普及率高，在阴冷的冬天使用很舒适。

③中康模式（图22）——采用分体空调加锅炉，提供生活热水，用暖气片采暖，不用热水器，冬天很舒适，夏天哪间房需要时可以打开。

④中产阶级（图23）——由于这些业主一直在开放空间有中央空调的场所办公，因此回到家里也需要有这样的环境，所以他们选择小型家用中央空调系统。用热水器供水，基本上一步到位。

⑤资产阶级（图24）——这类业主对整体环境要求较高，冬天使用

图20

图21

图22

图23

暖气，享受辐射热能，夏天要求每个房间的温度基本一致，能够供应清洁稳定的生活热水。所以他们首选中央空调加锅炉再加暖气片的模式。缺点是投资总额较高。

图24

热水地热系统

热水地热系统（图25）简称地热系统，也称地热辐射采暖系统。它的原理是热水器（炉）和地面管道连接。其管道安装在地板下，采用30～60℃热水在管道内循环流动，热量从地板下发出对房间微空气进行相应的温度调整。该系统是世界公认的卫生、舒适等标准都科学的采暖方式。在韩国、日本广泛采用，是一种比较成熟的技术，用户的反映良好，正处于市场开拓期，前景可观。

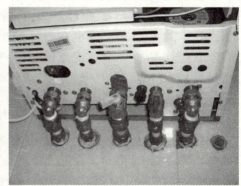

图25

我比较推崇锅炉，现在的锅炉已不是以前的粗大压力容器，而是节能高效、自动化程度高的高科技产品。有的锅炉内部有个小水箱，可以自动补水，冬天洗澡和取暖可以同时进行。还有个微缩网路服务头，如果出了问题，打个电话，会自动显示故障的原因，维修比较简单。如果用了天然气，锅炉的普及率会更高。

锅炉的最大好处是可以供应生活、取暖所需的热水，还可以和中央空调相连，可以配地热和暖气片。有一定条件的家庭，考虑解决冬天供暖和浴缸所需的大出水量，可以选择家用锅炉。在国外一般家庭都使用锅炉，这是高品质生活的保证。

家用中央空调系统大致分为三类

第一类　风冷（图26）：欧美别墅用。有新风，能耗大，温度难调控。需要大的机房，要求房子高大。

图26

第二类　水冷（图27）：中国式的现代化。主机产生冷热水，末端热量交换，用盘管风机，可在各个区域调节温度，没新风，噪音低，只要一个室外机。输配系统所占体积小。

第三类　VRV 冷媒系统：日本普及，是用氟利昂通过直接蒸发器完成能量转换，各区域可以任意调节温度，对安装的要求高，而且会产生环境污染，破坏大气层。

目前有许多种机组可供选择，国内的海尔、美的、TCL 等大厂家相继开发了适合国情的产品，日本的大金、三菱也有产品推出。市场上大部分欧美产品如特灵、麦克维尔、约克、开利等都是好产品，虽然价格不一，但性能基本差不多。

图27

电缆地热一般都是从欧洲直接进口，没有什么问题，属于比较成熟的产品。温度调节方便。电暖也有采用电热地板的，电热地板辐射采暖对电功率的控制相对简单可靠，分户控制室温又比较灵活，能够做到按照房间负荷需求进行调节供热，既节省了能源，又提高了热舒适，可以根据自由热的多少来控制，消除房间朝向温差。

安装于室内的电热地暖系统由两部分组成

①铺设于地面下的加热暖线（图28）：加热暖线是一种具有一定电阻的导线，外面包有耐热防腐绝缘层，呈 S 形（"之"字形）铺设于地面材料下，当接通电源时，加热暖线会发热，它本身可达到的最高温度为 60～65℃，可使地面达到 24℃ 以上的温度。

②安装于墙面的电子温控开关和地面及室内温度传感器（图29）：电子温控开关用于控制室内和地面的温度，安装于室内墙面，它可根据设定的温度自动对暖线通电和断电，将地面和室内温度保持在设定值。地面及室内温度传感器用于感知地面温度，铺设于地下暖线旁，连接到

电子温控开关。室内温度传感器用于感知室内温度，安装于电子温控开关内。

图28

对于一间 20m² 的房间，在满足一般采暖需要情况下，采用一套高品质的电热地暖系统的价格约为 4000～5000 元。平均约 100W/m²，20m² 的房间约 2000W，在使用中，由于电子温控开关的自动调节，通电加热是一个断续的过程。一般来说，其耗电量小于对同等面积供暖的暖风空调但却能创造更舒适的环境。

图29

阻碍家用中央空调普及的主要原因不是产品不好，而是要牵涉到设计安装、调试、维修等一系列问题，不像买分体空调，主要是买产品，买中央空调主要是买服务。有一种说法，三分买产品质量，七分要靠设计安装。在国外，一般别墅的空间都在 200m² 以上，而且楼层较高，在设计的时候就考虑到中央空调的机组安装位置、整个管线的走向和风机的位置。而中国的公寓房，大部分只有 140m² 左右，而且楼层较矮，如果空间让空调盘管分机占住，吊顶就很压抑。有的楼盘为了提高他们的档次，和中央空调销售商家联合卖房的时候就配好中央空调主机，安装了镀锌管路，但到装修的时候，很多人家都要把主机卖掉，拆掉管路，就是用了主机，也不会用他们的管路，因为安装不合理并且和室内设计无法配套。更重要的是，很多家庭实在无法承担高额电费，容易造成资源的浪费。

从实用的角度来说，我认为一般的家庭在各方面的需求都满足后，应该考虑安装家用暖通设施。如果我选择，首先买锅炉。很多人家的浴缸是常年不用的，情愿到澡堂洗桑拿，有社交的成分。而实际上，泡在浴缸里才能使人全身心放松，享受生活的乐趣。而用电热水器，前面的水热，后面就凉了，更关键的是要占用卫生间狭小的空间，天花上挖个孔，卫生间里就凌乱不堪了。而用燃气热水器的缺点是水流小，很长时间才能放满一缸水。在国外，锅炉已经是很成熟、很安全的普及型家用电器了。在装修前期就要考虑锅炉的位置及水电路，铺设好管路和暖气片回路，就是现在不买暖气片，以后这些设施也一定会普及，到时候再大动干戈就晚了。

现在很多人在安装地热还是暖气片上争论不休。地热实际上是从日本、韩国传过来的，那里冬季漫长，生活习惯就是在地上活动，所以地热的技术非常成熟，加上在营销上的丰厚利润，很快就在中国北方地区普及开了，抢占了中国很大份额的市场。地热适合老人、孩子时常在家的家庭使用，对于家人大多是上班族的就不划算了。做地热一定要做水泥保温层，所有楼层的地面要加高 5cm，如果再铺地砖，最起码还要加 3cm。这样就给楼板加重了很多的负载，从建筑的角度来看是不安全、不科学的。我看过资料，北京地区的物业已经开始限制地热的使用。想象一下，如果每一家都加重几吨水泥和黄沙，能保证楼层不下沉吗？

暖气片是传统的取暖设施，缺点是很占空间。现在暖气片也做得非常美观，完全可以和室内设计相协调。暖气片所散发出来的是辐射热，比空调吹出来的热风要舒适很多。而且暖气片可以单独控制，如果买了锅炉，布管线也多花不了多少钱。现在很流行专门放在卫生间的即热式带电暖气片，比浴霸方便了，如果在装修前期就把这些因素考虑在内，室内空间就有了可持续发展的可能。现代科技在家庭的应用，才能体现现代人的生活品质。

十八、如何挑选橱柜

前几年我们还在报上争论"家用橱柜到底是现场打好,还是订做好"。那时的情况是家装行业处于发展时期，人们的消费水平还比较低，成套的厨具价格比较高。而现在大多数的家庭都选择了买现成的。有人形容橱柜业是 2003 年小荷才露尖尖角，2004 年含苞待放，2005 年春暖花开，2007 年百花齐放。在乱花渐欲迷人眼的繁荣背后，橱柜公司竞争激烈，整个行业已经比较成熟了。

买橱柜一般是看品牌，考虑能接受的价格范畴。现在市场上有很多种品牌，有进口的、合资的、国产的和小作坊的，都很注重包装，门面形象。整个建材商场橱柜是一个大市场，一些比较知名的品牌还设有专卖店。中国人的地域观念很强，小商小贩出身，一个店只卖一个品牌，有很多品种和规格，就像农贸市场。而外国的橱柜店就卖好几种品牌，每个品牌适合不同的消费层，社会分工细化，节约了社会资源。

一般挑选橱柜的要素有五点

一看环保指数

所有橱柜都是由三聚氰氨刨花板制成的。目前欧共体和美国环境保护局（EPA）将板材中含有的甲醛列为致癌物质，政府已制定法规，严格限定板材甲醛浓度。其中明确规定与食物接触的橱柜基材板甲醛含量必须达到欧洲 E-1 级环保标准。现在很多人都说要达到 E-0 级，一般指甲醛释放量小于或等于 18mg/100g 是安全的。欧洲 E-1 环保级标准规定，每 100g 干板甲醛含量小于等于 9mg。而实际上，本身板材的生产必须用黏合剂，化工产品不可能没有毒，除非你用实木材料做柜体，但实木会变形，所以在目前的情况下，制约橱柜环保因素只有靠生产厂家的良心，期待他们不要用假冒劣质产品了。而实际上，很多厂家用的橱柜背板都不是标准的 3mm 厚的三聚氰氨刨花板，而是普通宝丽板，目的是为了节约成本。

一套整体橱柜是由几十种组件及配件构成的，每一组件又有品牌、质量、价格的区别。选择时首先看柜体材料，要保证橱柜箱体有足够的强度，应当选择厚度为 18mm 的刨花板，如果采用厚度较薄的 16mm 刨花板，如果箱体尺寸较大或使用时间久了，就会有弯曲变形的情况发生。

现在人们比较注重环保因素，最好能够看到质量保证书。一些有实力的生产企业，投巨资购买德国的橱柜成套设备，我曾经参观过他们的加工厂，从切割到打孔封边，全部是流水线作业，甚至排钻打的孔也要用小盖帽封住，减少了甲醛溢出的途径。这样，内在品质就有了保障。

二看门板

一般门板采用奥地利"爱家板"或国产板，有好几种系列，各种颜色。爱家板是一种复合型装饰板。在刨花板的基材上覆盖一层经过特殊浸渍处理的，具有抗刻划、耐酸碱的表层，被广泛用于板式家具和厨房家具，英文简称 MFC。爱家板具有更好的光泽和金属质感。

一般的门板有以下几种类型：

①亚光双饰面门板（图 30）。简称 MFC 板，通常以刨花板为基材，将浸渍过三聚氰氨的色纸经高温高压后贴在基材表面而成。具有耐磨、耐高温、耐腐蚀、易清洁的特点，其平整度好，不易变形、变色，现已经被橱柜业广泛采用。知名品牌有奥地利 MAX、凯得、德国爱格、HORNITEX（好丽德）、克诺斯邦、飞德莱及吉林森工露水河等。

②亮面双饰面门板（图31）。一种新型材质门板，在MFC板的基础上表面色纸经过高科技处理，具有高光的效果，美观时尚，有着取代烤漆门板的趋势。

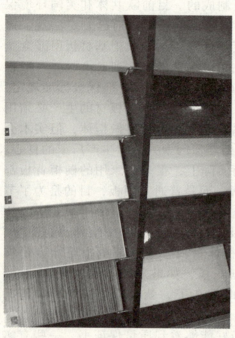

图30   图31

③耐火门板（图32）。基材为刨花板或密度板，表面粘贴耐火板。耐火板具有耐磨、耐高温、耐刮、抗渗透、易清洁以及色泽鲜艳的特性。在使用中存在易变形弯曲、脱胶开裂的缺点。

④烤漆门板（图33）。指将密度板加工切割并镂铣成各种造型，表面经过喷漆处理后进烤房进行加温干燥工艺的油漆门板。色彩鲜艳，华丽时尚，具有很强的视觉冲击力。由于生产工艺要求苛刻、废品率高，因此价格居高不下。另外，在使用中存在不耐磨、抗划痕性能差等缺点。

⑤膜压门板（图34）。采用密度板为基材，切割并镂铣成各种造型后，表层用PVC膜经热压吸塑成型的门板。具有色彩丰富、造型独特、立体感强等优点。由于经过吸塑膜压后能将门板四边封成一体，也不需要再封边，因此也被称为无缺陷门板。尤其是采用高光面PVC膜吸塑成型的门板，如同高档镜面烤漆，非常美观时尚。

⑥实木门板（图35）。在实木表面做凸凹造型，表面喷漆的门板。目

图 32　　　　　　　　　　　　　　　图 33

图 34　　　　　　　　　　　　　　　图 35

前国产实木门板的质量不稳定，易开裂变形；进口实木门板质量相对较好但价格偏高。比较适用于高档复古的别墅厨房。

这些门板的价格相差很大，实木门板比最普通的 MFC 板贵 1 倍。

在选购厨柜时请留意厂商是否具有授权书或信誉卡。为确保您的权益不受侵害，可要求厂商在销售发票上注明您所购买的厨具、家具的板材是欧洲原装进口的爱家板，安装后找专业部门进行鉴定。

选好门板就要选颜色及造型，这就需要设计师参与。橱柜是室内设计的一部分，要和整体色调风格相协调。然而，如果请设计师推荐橱柜的品牌和款式，他们往往就会把客户带到回扣高的商家，有的商家为了笼络这些设计师，甚至会给他们 10 个点的回扣，这一点一定要引起业主的注意。

三看台面材质

台面的材质直接影响到橱柜的造价。一般的橱柜台面都有防污、防烫、防酸碱、防刮伤等台面材料应具备的基本性能，但各自的物理性能和价位等方面又有不同。天然石材如遇重击会发生裂缝，有色差，加工费事。人造石是目前十分走俏的台面用材，它分无缝和有缝两种。有缝人造石胶粘起来有明显缝隙的痕迹，抗刮伤性能和防强酸碱性稍差一些。

常见的台面材料有以下几种。

①人造石台面（图36）。人造石是目前市场上最普遍使用的台面材料。它质地均匀、表面无毛细孔，具有耐磨、耐酸、抗冲压、抗渗透等优点。而且易加工，可无缝拼接、任意造型，任何形状的橱柜台面均可以达到浑然一体、天衣无缝的效果。但缺点是有一定的开裂率，中外品牌无一例外。人造石台面按材质配方不同可划分为树脂型、亚克力型和复合亚克力型三种。树脂型台面由不饱和树脂、氢氧化铝和黏合剂组成，材料成本较低，工艺相对简单，生产此类台面的多为国内中小型厂家。亚克力型台面主要成分是亚克力，其老化和变色过程较为缓慢，能抗紫外线，具有较好的硬度和耐高温性，缺点是材料成本高，工艺复杂。此类产品市场上多为进口品牌，市场价格较高。复合亚克力型台面材质、性能、价格均介于前两者之间，是性价比极高的新一代人造石产品。

图36

②石英石台面（图37）。一种采用世界最先进工艺生产的超硬环保复合石英材料。

图37

具有超耐磨、抗高温、耐腐蚀、无毒无辐射等优异性能，是最理想的橱柜台面材料。石英石台面属于一步到位的橱柜台面材料，它唯一的缺点就是价格高，现仅为白领阶层所能接受。

③耐火板台面（图38）。俗称防火板台面，通常采用高温、高压、粘胶、弯曲等工艺制作而成。由于其色彩鲜艳，耐磨、耐刮、耐高温性能较好，而且价格低，故占有一定的市场份额。耐火板台面也存在美中不足，就是在切断暴露的断面部位，不能用有效的手段来阻挡水和湿气对台面的侵蚀，如使用不当会导致脱胶、变形、基材膨胀等严重后果。

图38

④天然石材台面（图39）：是橱柜台面的传统材料，具有纹理高贵、密度大、硬度高、耐磨等优点。但由于天然石材的长度有限，不可能做成通长的一体台面，与现代追求整体台面的潮流不太适宜。其表面冰冷有天然裂纹，毛孔中容易吸收油污滋生细菌，而且具有放射性，长久使用会对人体产生一定的危害，故也不太适合在橱柜中运用。

图39

⑤不锈钢台面（图40）。不锈钢是用于厨房工作台的传统原材料。质地坚固，易于清洗且实用性强。但视觉形象冷酷，且不易变化，在各转角部位缺乏有效的处理手段。它最大的缺点就是被利器刮伤后无法修复。

图40

无缝人造石花色丰富，整体成型，接缝处毫无痕迹。好一些的要1000元左右。杜邦的要在1500元以上，其中复合亚克力板和石英石台面应用得最普遍。

四看配件

配件虽然是很小的细节，却是影响橱柜质量的重要部分。它必须能够适应厨房潮湿、油烟多等的环境。它的好坏对于橱柜的正常使用及寿命至关重要。铰链不但要将柜体和门板精确地衔接起来，还要独自承受门板的重量，并且必须保持门排列的一致性不变，法拉利、海蒂诗是顶尖产品，但我认为没有必要搞快速拆卸的，哪个要经常去拆呢？

橱柜的五金配件是现代厨房家具的重要组成部分之一。通常所说的五金配件主要有铰链、滑轨、阻尼、压支撑、吊码、调整脚、踢脚板等七种。选用合适的五金配件，对于提高橱柜的综合质量，延长橱柜的使用寿命都有十分重要的作用。目前市场上生产五金的顶尖厂商有：blum、hettich、glass 等，其五金配件产品都是值得信赖的。

①铰链（图41）。橱柜最重要的五金配件。据统计，橱柜门在 10 年里要开关 10 万次之多。因此，铰链质量对柜门的正常开合就显得十分重要。衡量铰链质量的优劣有两个指标，一个是结构强度，标准是能否在 75 磅（34 千克）的门负载下开合 10 万次；另一个标准是表面耐腐蚀性，指标是能否做到盐水喷雾后耐腐蚀 48 小时。

图41

另外，铰链还分普通型和快装型两种，主要是安装方式上的不同，欧美国家开发快装型铰链，主要是为了提高安装效率，减少人力成本，这一特点目前对于中国用户来说没有太大的意义。

②滑轨（图42）：抽屉滑轨在橱柜中的重要性仅次于铰链。用于橱柜的滑轨主要有普通托底型、金属侧板型和豪华全包型三种，三者外观、性能、价格相差极为明显。普通托底型滑轨结构简单、价格低廉，抽屉侧板需用木质板材来制作。金属侧板型滑轨结构类似于前者，因自身结构已设有抽屉两侧钢板，外观显得更为精练，较之前者使用起来也更为结实耐用，而且价格适中。新一代豪华全包型抽屉滑轨，内藏专利滑轮，滑动时噪音极低，抽屉载重量大，且越重越滑，内侧拐角处为弧形，无卫生死角，便于卫生清洁，全拉出式的设计，使得抽屉内存放的物品一目了然，方便直接取放。

③阻尼（图43）：这种富有革新功能的产品特色在于，无论用多么

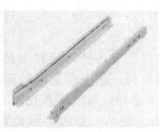

图 42　　　　　　　　图 43　　　　　　　　图 44

大的力关闭抽屉或柜门，均能在闭合末端起到消声缓冲作用。该产品的人性化设计，满足了人们对拥有一个安静厨房的美好愿望。其无与伦比的完美效果，代表着未来橱柜五金件发展的趋势。

④气压支撑器（图44）：橱柜气压支撑器源自现代汽车后备厢门的支撑系统。单支气压支撑器的支撑力为80N，小橱柜门板采用一支即可，遇较大门板时需采用两支。德国 SUSPA、STABILUS 等都是生产汽车气压支撑器的知名厂商，他们产品的质量是值得信赖的。

⑤吊码：橱柜上柜的悬挂方式涉及到使用安全。正确、合理的固定上柜方法，应该采用 ABS 金属组合吊码将上柜固定在墙上，既安全、美观，又能方便地调节柜体间距。

⑥调整脚：调整脚有 PVC 和 ABS 调整脚两种。PVC 成本低廉，常常由回收塑料制成，承重性能较差。采用由 ABS 工程塑料为原料的调整脚坚固耐用，承重性能好，能更有效地支撑整体橱柜的重量。

⑦踢脚线：踢脚线分为木质踢脚板、PVC 踢脚板和铝质踢脚板三种。一些厂家利用做柜身时剩下的边角废料制作木质踢脚板以降低成本，但因踢脚板与地面的距离很近，木质材料容易吸水变潮，使用一段时间后木质踢脚板就会"发胖"霉烂。PVC 踢脚板和铝质踢脚板均获得行家认可，不仅防水防潮、不发霉、不生锈，而且美观耐用。尤其是铝质踢脚板几乎终生不会破损。

五看抽屉（图45）

抽屉是厨房设备中必不可少的组成部分，而整个抽屉在设计中，最重要的配件是滑轨。由于厨房的特殊环境，低质滑轨即使短期内感觉良好，时间稍长也会发现

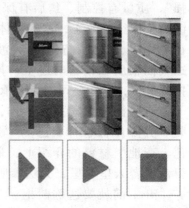

图 45

推拉困难现象。质量好的滑轨，即使装满物品也只需轻轻一推即可还原，轻盈而毫无涩感。这就是考究。

拉篮能提供较大的储物空间，合理地切分空间，使各种物品和用具各得其所。一般家庭的空间较小，无法搞太多的拉篮，少一些这样的配置也可以省点钱。优质橱柜的封边细腻、光滑、手感好，封线平直光滑，接头精细。专业大厂用直线封边机一次完成封边、断头、修边、倒角、抛光等工序，涂胶均匀，压贴封边的压力稳定，加工尺寸的精度能调至最合适的部位，保证最精确的尺寸。小厂家就无法保证封边的质量。

购买橱柜不能只图便宜，橱柜产品所谓档次高低，主要区别在于外观视觉效果和内部细节的差异，抛开这些因素后橱柜最基本的质量要求就是要达到环保标准，保证坚固耐用。正规橱柜公司即使是低价促销产品，也会以保证基本质量为前提，不会采用低价劣质的橱柜蒙骗消费者。可有些非正规橱柜公司常常会以超低价的劣质产品来冲击市场，误导顾客。请消费者务必注意，选购低价产品时一定要防止受骗上当，避免误购无基本质量保证、环保不达标的劣质橱柜。所以，不能只看价格、图便宜。

也不能贪图"打折多"。规范的橱柜公司，会真诚让利于消费者，对某些产品公开作出适当折扣，可有些橱柜商家，一报价便是 6 ~ 7 折，折扣虽然很多，但是其产品的材料配置、技术水准均与定价严重不符，其实该商家早为"打折"留有足够的隐蔽空间。和服装的销售一样，要看最终的成交价格。

不要选择没有实力的小作坊和个体店。橱柜的设计、生产、安装、售后等工序是一项系统工程，均需要大量的专业人员组建成"大而专、专而强"，质量有控制、售后有保障的专业公司。而目前橱柜市场许多小型店铺为个体经营业态，这些个体经营者们，销售、设计、财务一身兼，整天在小作坊、店铺、安装点奔波，疲于解决棘手问题，忙于应付客户投诉。这些橱柜店在销售时还空口许诺能提供"十年质保"，实际上一旦投诉、报修过多，这些公司因无力承担责任，瞬间就从市场上神秘蒸发。

有些橱柜公司擅长炒作，仅仅采用了少量进口材料，却故意洋化包装、弄虚作假，称自己为"进口品牌"，误导消费者，赚取暴利。在工艺、产地、材料的介绍上，避实就虚，以莫须有的名称向客户解释，弄得消费者云里雾里，无法参照市场情况进行客观评判。

开工前就要选购橱柜。开工第一天就要水电路图交底，一定要让橱柜设计提前介入到厨房工程中去，因为橱柜设计师可以事先合理地安排好厨房空间、橱柜布局及水电管路的改造方案，为后期的橱柜安装打下良好的基础。反之，则会受厨房基础装修不尽合理的种种限制，使你的橱柜留有较多的缺憾。

现在也有人让木工现场打柜体，然后在装饰城订做橱柜门，配台面，这样的方式也挺省钱，前提是有很完善的设计，工人安装技术熟练，自己会买配件。我家的橱柜就是我先生设计让工人在家里拼装的，一样用。反正我们是工薪阶层，图的就是实惠。

十九、如何搞智能居家布线系统

几年前我就接触了智能居家布线系统，那是一套高档住宅，不光做了智能居家布线系统，也做了地热、中央空调系统，弄得地上布满了管线，天上爬满了管子，光是基础设施的布线就花了一个月的时间。但这么复杂的系统，是无法保证强弱电不交叉施工、相互之间不干扰的。

智能居家布线（图46）应该说是一个小型的综合布线系统。是传输的通道，主要应用于支持话音、数据、影像、视频、多媒体、居家自动系统、环境管理、保安、音频、电视、探头、警报及对讲机等服务。目前应用较多的是实施以四个功能模块实施为主，包括高速数据网络模块、电话语音系统模块、有线电视网模块、音响模块，适应于现代家庭多媒体全方位的资讯娱乐需求。

图46

智能居家有好几种模式和选择。其中有必需的也有可选的，要根据自己的需求和经济实力挑选。

一般来说有以下几种选择。

1. 局域网系统（必选）

现在每个房间都能够同时上网是家庭装修的基本要求。随着家电网络化的趋势，网络影音中心、网络冰箱、网络微波炉、网络视频监控会陆续出现，这些设备都可以找就近网络接口接入网络。所以每个区域都要有网络插口是硬件设施一步到位的基础。房地产开放商是不会为你考虑这个问题的。每个家庭都要有路由器，或者局域网。

局域网是一个星形拓扑结构，任何一个节点或连接电缆发生故障，只会影响一个节点，在信息接入箱安装起总控作用的 RJ45 配线面板模块，所有网络插座的线路接入配线面板的后面，信息接入箱中应有装有小型网络交换机，通过 RJ45 跳线接到配线面板的正面接口。每间房都需要至少有两个网络接口，一口可用于网络，一口可用于电话，这是基于网络和电话复用和互相线路备份的要求。包括 RJ45 配线面板、双绞线、RJ45 信息模块，都要选择目前流行的超五类网络线，可以应对现在和将来的需要。

居家布线使用的材料种类及材料搭配使用方法

①双绞线：一般用 305m 线缆长度纸箱包装的超五类双绞线。

②RJ45 模块：它是由 DEC 设计用于连接 DEC 的语音设备。综合布线中的模块用来端接线缆与跳线有效连接。

③配线架：可用于水平和垂直布线，直接连接集线器和水平布线系统。

④水晶头：作为成品跳线里的一个组成部分，把水晶头和线缆用专用的压线工具进行制作。

⑤面板：布线时面板在信息出口位置安装固定模块用。

⑥跳线（连接线）：又称网线。布线中的铜缆跳线其实就是一条短的双绞线两头压接好水晶头，用来完成模块、配线架、有源设备间的连接。

⑦光纤：即光缆。数据传输中最有效的一种传输介质，它有频带较宽、电磁绝缘性能好、衰减较小等优点。

⑧光纤到家庭：接入网的最终解决方案。优点在于，对用户来说带宽不受限。

⑨同轴电缆：城市或小区的有线电视网接入家庭时家庭电视系统均采用宽带同轴电缆。

⑩音频视频线：音频线包括调频调幅天线、模拟信号线、光纤同轴数码线，视频线包括复合视频、S 端子线，有方向性。

⑪智能居家布线箱：家居布线的管理设备中心，通常连接和管理模块配置箱、通讯模块、视频模块、网络模块、音响模块、系统插座、线缆、家庭智能管理系统等部分。

2. 有线电视系统（必选）

现在每个家庭都有几台电视，特别是液晶大屏幕电视大幅降价，数字电视已经普及，开发商前几年设计的和不好的普通电视屏蔽线已经不适用，要用专用双向、高屏蔽、高隔离 1000MHz 同轴电缆和面板、分配器、放大器（多于 4 个分支时需要）。分配器应选用标有 5～1000MHz 技术指标的优质器件。电缆应选用对外界干扰信号屏蔽性能好的 75-5 型、四屏蔽物理发泡同轴电缆，保证每个房间的信号电平；有线电视图像清晰、无网纹干扰。有线电视的布线相对简单，对于普通商品房，只需在家庭信息箱中安装一个分配器模块就可以将外线接入的有线电视在这里分到客厅和各个房间。

3. 电话系统（必选）

虽然现在手机很普及，但是人们还是习惯于在家里打固定电话，电信服务还是周到便宜的。如今国产的小型一拖四、二拖八小型电话程控交换机价格非常便宜，报价只在 100～200 元之间，因此家里安装小型电话程控交换机已经成为可能。家里安装小型电话程控交换机后，只需申请一根外线电话线路，让每个房间都能拥有电话。而且既能内部通话，又能拨接外线，外电进来时巡回振铃，直到有人接听。如果不是你的电话，你可以在电话机上按房间号码，转到另外一个房间。小型电话程控交换机在别墅或者复式房型还可以当做呼叫器来使用（这对有老人和有保姆的家庭是方便的）。

当然，还有普通的只用信息接入箱配套的电话语音模块面板，但是这种面板只能共享接入电话外线，电话进来时，铃声同响，一房通话，别房可监听，没有通话保密功能。

电话系统和局域网络系统布线按照"复用和双备份"的要求一起布线，在线缆和接口插座上用材是一样的，不同的是信息接入箱的连接方法不同。用作电话的网络双绞线，我们采用色标为蓝和蓝白的线对打上RJ11 水晶头。若采用小型程控交换机的话，直接插入程控交换机的接口；若采用普通的一拖几电话模块，就将 RJ11 水晶头插入电话模块。

4. 家庭影院系统（应选）

家庭影院系统是现代家居娱乐的首选，组建家庭影院系统应是众多家庭的选择。家庭影院是指在家中能够享受到与电影院相同或相近的清晰而绚丽多彩的图像、充满动感和如同现场的声音效果。家庭影院器材分为视频与音频两大部分。视频部分是整套系统中非常重要的一环，通常由大屏幕彩电或投影机担任，其中，投影机需要布线。

AV 功放是音频重放的中心，其特点是多声道的声音重放。谈到多声道的重放就离不开环绕声的标准。

家庭影院中音箱

现在流行的环绕声标准

①杜比数码（Dolby Digital）环绕声（5.1 声道）；
②DTS 环绕声（5.1 声道）；
③DTS-ES Discrete 环绕声（6.1 声道）；
④THX Surround EX 环绕声（7.1 声道）。

由 5 个、6 个、7 个等各加一个重音箱构成。前方左右两边的主音箱和中置音箱可以不用布线，而后方的环绕音箱和后置音箱等就应布线。

家庭影院系统布线主要包括投影机的视频线（如 VGA、色差线、DVI、HDMI）和音箱线。既然是顶级的家庭影院系统，这些线缆是没有接续的，也就是一条线走到底，接头和线都是原厂制作，因此其他布线系统独立了，一般只在客厅或书房中布线。在设计时要精确计算走线的长度以便购买合适长度的线缆，保证足够拉到位，并在影音设备中心处有足够的余量。

在布线时，要将这些昂贵的线缆的一端接头用多层塑料仔细包好，绑上铁线，接着用电式胶布再绑一次，然后牵引穿过 PVC 套管，一端拉，另一端送，不能使用蛮力。另外，PVC 管可以选稍大一些，以便可以顺畅地拉过，管中间线不被绞结。

5. AV 系统（应选）

AV 是影音的集合体，用过 DVD 的朋友都知道，信号的输出包括一路视频、一路左声道、一路右声道。一般 AV 设备都是在客厅里，我们若需要在各房间里欣赏到这些 AV 影音设备播放影音就必须通过家庭综合布线将上述三种线路接到各房间。家庭里的 AV 系统包括：DVD AV 系统、卫星接收机 AV 系统、数字电视 AV 系统。通过 AV 信号传输系统，你就可以在其他房间看影碟、看卫星电视节目、看数字电视节目，无须重复添置多台 DVD、卫星接收机、数字电视机顶盒等设备。AV 信号可以传输到卧室、书房、盥洗室、厨房等其他房间。

布线要点：AV 系统需要同时布三条线缆，插座面板是三孔 AV 接口，信息接入箱中采用 AV 模块面板，总接入影音中心的 AV 信号，分接出到各房间。来自房间的各组三线分别接入 AV 模块面板后面的各组接线柱，通过面板的拨位开关实现接通或关闭。

由于这种布线线路中经过接续，这是 AV 系统中原则上不允许的，但为了共享和美观，在要求不是很"发烧级"的环境中使用，只能折中，所以 AV 系统最重要的是线材的选择，我们要选择足够好的线材来抵消一部分不足。视频线和音频线应选用高纯度无氧铜作导体，接口面板和 AV 模块的接线端子最好是 24K 镀金。

6. 家庭背景音乐系统（可选）

背景音乐渐渐成为现代家装的新宠，当我们在家中做家务及随意小憩时，一定想能像在宾馆里那样随处听到美妙、轻柔的背景音乐。要家里各个角落弥漫起曼妙轻柔的背景音乐，这就需要在各房间、卫生间、厨房、阳台等地方通过家庭综合布线将音频线接到各个角落。

普通的家庭背景音乐系统采用集中控制方式。可将音源直接输入可分区控制功放，可分区控制功放是这个系统的核心。通过功放的音频输入选择切换开关，可以从上述多路音源中选择一路节目，各个房间只能收听同样的节目。这个系统最重要的特点是可以通过可分区控制功放分别独立地控制各个房间的节目播出，需要的房间就播放，不需要的房间可以关闭。这个系统的结构简单、施工不复杂、经济实用，而且每个播放扬声器均能单独开和关。

家庭背景音乐系统也是一个独立的布线系统，可以将来自各个房间的扬声器的音箱线集中接到位于客厅影音中心的墙壁上的音箱接线面板，可分区控制功放器再依次接音箱接线面板，即可形成家庭背景音乐系统。

7. 红外转发系统（可选）

红外转发系统由位于各房间的红外接收器和位于客厅的红外发射器组成。红外接收器接收来自各种影音设备的遥控器的信号，变成电信号传到红外发射器，红外发射器将电信号转为与原遥控器相同的红外信号，发射给影音设备实现控制。

红外转发系统的布线是上述 AV 系统的配套工程，通过它，用户可以在卧室或书房等房间内对客厅等处的视听设备如影碟机、功放、卫星接收机、数字电视机顶盒等进行自如的遥控。因此，通过 AV 布线系统和红外转发系统遥控装置，就可充分享受到家庭信息化和视听设备多点共享所带来的方便和舒适。

布线要点：红外转发系统的布线可以不经过信息接入箱，因为各个房间的红外接收器的信号线可以并联接在一起，再通过一组信号线接到红外发射器上。

房间中的红外接收器安装要点：与房间中的影音设备在同一面墙上。

客厅中的红外发射器的安装要点：安装在客厅中的影音设备的对面墙上。因为整个系统只给发射器供电，所以应给它安一个供电开关，以便不用时可关掉系统。

8. 监控报警系统（可选）

家庭住宅报警系统由家庭智能微电脑报警主机和各种前端探测器组成。前端探测器可分为门磁、窗磁、煤气探测器、烟感探测器、红外探头、紧急按钮等。当有人非法入侵时将会触发相应的探测器，家庭报警主机会立即将报警信号传送至小区管理中心或用户指定的电话上，以便保安人员迅速处理；同时，小区管理中心的报警主机将会记录下这些信息，已备查阅。家庭住宅报警系统若与小区保安的报警联网是最理想的，若小区中有这样的系统，那么家庭应该安装住宅报警系统。

布线要点：家庭住宅报警系统可以是综合布线的一部分，微电脑报警主机可以安装在信息接入箱的外墙旁边。各个前端探测器通线综合布线汇接到信息接入箱里的安防报警抄表信号采集模块条，再从模块上接入微电脑报警主机。

家庭布线不只有弱电布线，还有强电布线，包括照明电和动力电。强电对弱电不可避免会有电磁的影响（强弱要垂直交叉）。施工时要注意以下几点。

> ①强电跟弱电的走线要避免紧挨着平行走线，弱电管线和强电管线平行走线需要 50cm 距离，如果条件实在不允许，可用专用屏蔽线以及用铁管来代替 PVC 管。
> ②强电、弱电的插座相隔距离最少 30cm。
> ③强电和弱电走线交叉时，要成 90 度角跨过。
> ④对于影音品质要求较严的 AV 系统和家庭影院布线最好使用金属套管，特别是家庭影院。

目前，智能居家系统已经具有一定的经营规模，得到了很多人的认同，尤其受到年轻一代网络 IT 行业高级白领的欢迎，发展前景可观。

智能家居不仅具有传统的居住功能，提供舒适安全、高品位且宜人的家庭生活空间，还由原来的被动静止结构转变为具有能动智慧的工具，提供全方位的信息交换功能，帮助家庭与外部信息交流畅通，优化人们的生活方式，帮助人们有效安排时间，是物质生活丰富之后更高的精神生活享受。

我监理过好几个工地用智能居家系统，然而我发现这些忙碌的商务成功人士，没有几个人是在家里享受的，甚至到现在都没有调试系统，而且以前电视用盖板，现在直接用插头，说是减少信号的衰减，实际上减少了成本，而业主必须买液晶电视才能挡得住，又是一大笔投资啊。

人家外国人看中的功能是安全系统，人家的房子没有防盗网，没有保安，只有警察，非法入侵者主人可以开枪自卫。而我们这个功能就没有必要，只能看个人的需求了，中国是安全的国度。但是这个系统也有些功能是昂贵的。随着无线上网的普及，电视也不再是家庭的中心，手机单向收费，所有电器的更新换代，一切都变得那么方便快捷，真的不必大动干戈。当然音响是要的，环绕声背景音乐是享受的。家庭影院是舒适的。

二十、如何选定瓷地砖

　　瓷地砖的种类很多，不同区域追求的艺术风格不同，使用功能不同及空间大小不同，都导致每个地方的瓷砖要求不同，数量也并不容易统计准确。所以计算和选购瓷地砖需要一定的经验和技巧，要充分调研市场，在各种品牌产品中进行对照，既不要盲目地根据销售小姐的推荐购买一线的时尚产品，也不要一味地图便宜，购买过时的、质量不好的产品。因为陶瓷制品的等级很多，就是相同的品牌，同一批号，质量也有差异，全靠消费者自己权衡、筛选，在业内专家的指导下，尽量做到买得称心如意，物有所值。

　　一般来说购买瓷地砖要根据室内整体风格而定，不能一眼看中就行，要注意瓷砖的种类、款式与室内整体风格的协调一致性。较大的空间如客厅有 20m²，最好用 60mm×60mm 的大地砖。厨房卫生间比较小，就要用 30mm×30mm 的地砖才协调。低楼层采光不好最好不用深色瓷砖，厨房、卫生间选用瓷砖要与厨具、洁具的造型、色彩相搭配，这样总体效果才好。

　　其次，要选择正规品牌，瓷地砖十大品牌中有七个是广东佛山地区的厂家，他们引进了国外的先进设备，形成了产销的优势，每一个品牌都有自己的艺术特色，适合一定的消费人群。一般来说，如果室内设计的风格追求古典雅致，就会选蒙娜丽莎、欧神诺、罗马砖；喜欢简洁现代的就选冠军、现代、罗马里奥。东鹏砖是全国销量最大的厂家，用户用得最多，设计比较简洁现代，价格灵活，质量有保障。现在出现很多艺术砖，原来主要用作外墙砖，现在小块砖用于室内的效果也很好，而且长谷和东鹏已经联手，以华东地区的市场、艺术审美风格和广东的生产能力结合，强强联合，瓷砖行业已经进入高层次的发展时期。实用加艺术化的时代到来了。

瓷砖的种类

1. 釉面砖（图47）

指砖表面烧有釉层的瓷砖。这种砖分为两大类：一种是用陶土烧制的，因吸水率较高而必须烧釉，所以确切地说应该叫"磁砖"，这种砖的强度较低，现在很少使用；另一种是用瓷土烧制的，为了追求装饰效果也烧了釉，这种瓷砖结构致密、强度很高、吸水率较低、抗污性强，价格比陶土烧制的瓷砖稍高。瓷土烧制的釉面砖，目前广泛使用于家庭装修，有80%的购买者都用这种瓷砖作为地面装饰材料。

在用陶土烧制的瓷砖中，西班牙生产的墙地砖因其独特的装饰效果，目前在北京很盛行，但这种砖的价格较高，一般用于中高档家庭装修。

图47

> **分辨这两种砖的诀窍**
>
> 陶土烧制的瓷砖背后是红色的，瓷土烧制的砖背后是白色的。

2. 通体砖（图48）

这是一种不上釉的瓷质砖，有很好的防滑性和耐磨性。一般我们所说的"防滑地砖"，大部分是通体砖。由于这种砖价位适中，所以深受消费者喜爱。其中，"渗花通体砖"的美丽花纹更是令人爱不释手。

3. 抛光砖（图49）

图48

图49

通体砖经抛光后就成为抛光砖，这种砖的硬度很高，非常耐磨。

4. 玻化砖（图50）

这是一种高温烧制的瓷质砖，是所有瓷砖中最硬的一种。有时抛光砖被刮出划痕时，玻化砖仍然安然无恙。但这种砖的价格较高，因此家庭装修中没有必要使用。

图50

瓷砖的选购

一般来说，通体砖的花色、纹理丰富，铺贴效果温馨雅致，具有耐污、耐滑等特性。抛光砖光洁度高，除渗花抛光砖外，还有微粉抛光砖，微粉抛光砖的表层颗粒更加细腻，光洁度和抗污性更高。高品质的抛光砖砖边无锯齿、不崩瓷，颜色纯正，图案纹路清晰、不扩散，立体感强。

消费者挑选瓷砖时，有条件的情况下，可用铁钉或钥匙划其表面，不留痕迹的硬度高；也可将墨水和茶水泼到其表面，10分钟后擦去，不留痕迹的耐污性强。要选择正规品牌，除能保证质量外，售后服务也完善，如果瓷砖有色差，可以免费调换。

归纳起来就是要一看，二听，三切割，四验水。

一看分3步：①看瓷砖的平整度。在购买瓷砖时，要注意瓷砖的表面是否平整，如果瓷砖的表面平整度不够好，会影响到施工质量以及整个铺装后的整体效果。所以一定要选择表面平整面光滑无孔的瓷砖产品。②看瓷砖的色差。在选购瓷砖产品时，一定要进行色差的判别（瓷砖色差是指由于生产工艺的原因而造成瓷砖产品在颜色与花纹上的差异）。另一方面，在施工过程中由于吸水率不同，或铺贴时间的先后不同等原因也可能引起色差。由于墙地砖一次购买的数量较大，多个包装之间如有明显色差，装修效果就很受影响，所以要对所有包装的产品抽样对比，观察色差的变化，色差大的不能选用。③看图案。图案要细腻，无明显漏色、错位、断线或深浅不一等问题。

二听瓷砖敲击的声音：用硬物轻击，声音越清脆，则瓷化程度越高，质量越好。也可以用左手拇指、食指和中指夹瓷砖一角，轻松垂下，右手食指轻击瓷砖中下部，如声音清亮、悦耳为上品，如声音沉闷、涩浊

瓷砖铺贴要注意以下事项

①瓷砖铺贴前要抽检，看等级、色差与所看样品是否一致，如确认无误，最好让施工负责人签收，否则立即通知瓷砖销售商。

②如果墙面是腻子墙或压光水泥墙，必须先铲除后再作糙化处理。墙砖不得有小于 1/3 块的砖。

③地面要充分浇湿，在墙上打水平线及在地上放线预排，以确保各房间的地砖在同一水平面上。

④铺贴地砖，一般有干铺和湿铺两种铺法，干铺是水泥、沙子等不完全用水混合搅拌，只加部分水；湿铺是水泥和沙子等完全要混合搅拌成泥浆来铺。水比较多的卫生间可以用湿铺，客厅等可以用干铺，具体还要看家里的情况了。

⑤卫生间地砖应预留好 1% 左右的坡度，并低于外面地砖 10mm 左右。厨房地砖的坡度应适当缩小。

⑥遇阳角时应采用 45 度割角处理，腰线的下沿应为窗口的上沿。

⑦墙砖铺贴完后 3～5 天再打眼施工，干铺地砖后隔天再上人施工。

为次品。

三用切割机切出瓷砖断片（一般可向店家要已碎的残片观察）：看断裂处，细密、硬脆、色泽一致为上品。

四将水滴在瓷砖背面，看水散开后浸润的快慢：一般来说，吸水越慢，说明该瓷砖密度越大；反之，吸水越快，说明密度稀疏，其内在品质以前者为优。吸水率小的一般密度较大，同样规格的重量大的密度也较大。将两块砖重叠可检查瓷砖的平整度。还要测量瓷砖的色差。另外，注意样品与仓库的瓷砖等级、色差是否一致。还有，消费都要比实际预算多买几块，以避免不同批次间的色差，以防不够时再去买耽误工期。要查看检测报告，瓷砖的 3C 认证已经开始，通过 3C 认证的瓷砖，可靠性比一般的好些。还要看放射性检测报告，瓷砖放射性检测依据《建筑材料放射性核素限量国家强制性标准 GB6566—2001》，主要检测镭、钍、钾的放射性，目前，正规品牌瓷砖放射性检测超标的很少。

铺贴瓷砖（图 51），一般要用到塑料十字、棉纱、勾缝剂等材料。铺贴瓷砖过程中，十字放在用于 4 块相邻瓷砖之间，用于对齐，一般小砖（比如 10mm×10mm）留的缝隙比较大，比如 5mm，那么就用 5mm 的十字来对齐，大砖等一般留 2mm 或 3mm 的缝就够了。通常 5mm 的十字在瓷砖快干的时候能够撬下来，这样就可以做到重复利用，2mm 和 3mm

的缝隙十字是拿不下来的，否则容易把瓷砖撬掉，所以就没法重复使用了。十字的用量跟瓷砖的片数一样，所以购买瓷砖的时候自己应算好需要购买多少十字。及时用白棉纱或白毛巾把水泥擦干净。

勾缝剂用于填充瓷砖之间的缝隙，白水泥容易掉，会变色，所以现在基本上都用沟缝剂了，也有的勾缝剂里面有胶，可以防污防油，最好完工时再勾一遍缝，保证效果。有砂的颗粒较大，无砂的没有颗粒或粉状。一般 5mm 以上的缝（包括 5mm）用有砂的效果好，2mm 和 3mm 的用无砂勾缝剂效果好。5kg 的勾缝剂（图 52），填 5mm 的缝能用 $4 \sim 5m^2$，3mm 的缝能用 $7 \sim 8m^2$。

图 51

现在很多高档的瓷砖和马赛克用瓷砖黏合剂来粘贴，强度高，涂抹层薄，虽然价格高，但是效果好，也得到了普遍的应用。

一般客户挑选瓷地砖的时候都会请设计师陪同，好处是可以根据设计总体效果选择合适的瓷地砖。然而设计师也会向你推荐一线的时尚品种，以达到他期望

图 52

的艺术效果，而实际上是为商家推销产品，拿相当的扣点，这是行业的普遍现象。所以事先一定要作市场调查，除非是主要效果所在，一些不起眼的地方，如橱柜的背后，就可以用差砖、普通的打折砖。可以说会淘砖的和伸出头给人宰的人之间，会相差几千块钱。多留些心眼，多跑几家。

现在无缝砖流行，装修公司的人工和费用也相应翻倍，实际上无缝砖的产品质量高、误差小、尺寸大，如果房子基层做得好，并不一定费事。有缝砖如果选得好，有艺术品位，贴的工艺精良，一样有好的艺术效果，还省钱，没必要全都赶时髦。

二十一、如何选定卫生洁具

现在一般的公寓房都有两个卫生间，一个主卫和一个客卫。其实家里客人不是经常有，两个卫生间是为了保证家人相互之间不打扰，干净卫生。这样就增加了装修的总投资，要买两套卫生洁具，每一个区域的功能和造型都不一样，要和整体室内设计的风格相吻合，这已经不是简单的买个抽水马桶，装个淋浴头的问题，而是牵涉到水电路的设计、环境艺术的风格以及人体工程学和心理学的尖端的学科领域，是现代科学工艺和生活环境艺术结合的集中体现，也代表了整个家庭装修的档次和施工水平，是室内设计的重中之重。

遗憾的是，现在很多的设计师都是从艺术院校毕业的，就算是建筑院校毕业的，也不是很懂机械原理、机电工程。一个按摩浴缸里有很复杂的电路机械系统，卫生洁具每个品牌中有上百个品种，加上龙头五金的配置，一般的客户是不可能有那么丰富的专业知识鉴别选择的，虽然目前我们国家的业主基本上处于初级消费水平，能买品牌的卫生洁具、中高档的龙头五金就不错了，而各种卫浴的安装方法是非常复杂而专业的。在港台和国外，室内设计师已经分工很明确了，主案设计、结构设计、材料设计，还有专门的卫浴设施设计师。这是很前沿的专业学科。

买卫生洁具（图53）首先要

图53

根据室内空间的尺寸、上下水的位置而定。很多设计师上门测量只是画一个房子的原始尺寸图，而不测量和标注卫生间里具体的落水的位置、马桶的中心空间距，尤其是地漏的位置，这些尺寸对于选择卫浴设施有决定性的作用，对后期安装工程有举足轻重的影响。所以我建议业主自己测量。拿了这张图纸，就可以让销售卫浴的人员帮你参谋，选择什么样的设施，哪种型号适合你家。然后再进行选择比较。

比如你的马桶的中心离墙体只有 32cm，扣除瓷砖贴好后的厚度，就应该买孔间距为 30cm 的马桶，那么有些品牌的洁具，合适的价位，满意的造型中就没有你需要的尺寸。大部分家庭的马桶是 40cm 的间距，选择的范围就比较大。还有的家庭是 35cm 间距的，贴好瓷砖，买好马桶才发现无法安装，移位器只能偏移 10cm，而且要预埋，影响使用通畅。只好重新买不知名的马桶替代，留下了装修的遗憾。

所以在开工前，我一般都会陪同业主去选购卫生洁具。帮他们挑选最适合他们的产品。很多案例下来，我总结出来导购的几个要点，仅供参考。

选品牌

我发现绝大多数业主在购买洁具时首先从国际知名品牌中挑选。能花几十万上百万买房子的业主，当然要买能配得上这个房子的卫生洁具，这是固定设施，要一步到位。

业主的文化背景不同，审美情趣也不一样，比较开放欧化的人喜欢选择美标、科勒，气派，高档。日本的 TOTO 由于是针对东方人体工程学设计的，比较细腻、舒适，我的大部分客户都是选择这个品牌。后来居上的卡西奥是欧洲的品牌，其设计既有西方人的大气，又有东方人的细腻，所以受到了很多年轻人的喜爱。

国产的唐山惠达、佛山的东陶，生产规模都很大，可由于种种原因，中高档市场占有量无法和国际品牌抗争。实际上据我所知，很多国外品牌的生产基地在中国，也就是说用中国的陶土，烧制出挂外国的品牌，来赚中国人的钱，真是悲哀。

选择功能

座便器有不同的排水方式。按下水方式可分为冲落式、虹吸冲落式和虹吸旋涡式等。冲落式及虹吸冲落式注水量约 6L 左右，排污能力强，只是冲水时声音大；而旋涡式一次用水量大，有良好的静音效果。直冲式的坐厕冲水噪音大而且易返味。虹吸式坐厕属于静音坐厕，水封较高，不易返味。

在价格方面，节水马桶比普通的马桶价格要贵。但从节约用水方面来看，当然是节水马桶效果最好。按日常计算，卫生间的用水量约占家庭用水的 60%～70%。而普通马桶水箱过大是造成用水量过大的一个重要原因。节水马桶是根据所冲出的水量升数不同去分类，而排水量越小的节水马桶相对较受消费者欢迎。

我家住在一楼，下水不长，原来用虹吸式马桶，13L 水也很难冲干净。后来换了一个压力式直冲马桶，节水，6L 水就冲得干干净净，可声音好大，晚上就不敢用了。方方面面都顾及到是不可能的，只能在有限的选择中挑选最佳的产品。

看外观造型

现在的洁具，已经不仅仅是实用功能了，一定要有艺术造型和审美情趣。个性化消费的时代已经来临。那些好的卫浴产品的设计赏心悦目，手感舒适，给人带来无比的愉悦享受。

一般我会先让客户挑选色彩。现在的卫浴设施，已经不再是一白满天下了，就是白色也有象牙白、中性白等。骨色马桶用的最多，就是因为色调柔和才受到消费者的欢迎。红色、蓝色等彩色洁具也开始走俏市场，带来另类装饰风格的潮流。

同样是台盆就有上百种造型，形态各异，台上盆、台下盆、立柱盆、碗状盆、连体柜台盆等，可选择的范围太大了，只要口袋里的钱足够多，就可以淘到自己喜欢的东西。

看产品质量

一般高品质的洁具釉面光洁，没有色差、针眼或缺釉等现象。光洁度高的产品，颜色纯正，不易挂脏积垢，易清洁，自洁性好。

判定时可选择在较强光线下，从侧面仔细观察产品表面的反光，以表面没有细小砂眼和麻点，或砂眼和麻点很少的为好。亮度指标高的产品采用了高质量的釉面材料和非常好的施釉工艺，对光的反射性好、均匀，从而使视觉效果好，显得产品档次高。选择时可用手在表面轻轻抚摩，感觉非常平整细腻的为好。还可以摸到背面，感觉有"砂砂"的细微擦感为好。用手敲击陶瓷表面，一般好的陶瓷材质被敲击发出的声音是比较清脆的。吸水率越低的产品越好。

水如果被吸进陶瓷后，陶瓷会产生一定的膨胀，容易使陶瓷釉面因膨胀而龟裂。尤其对于坐厕，吸水率高的产品容易将水中的脏物和异味吸入陶瓷，使用久了以后就会产生无法去除的异味。

看价位

有钱当然能买超值享受，可是业主在装修期间总是囊中羞涩，尤其在前期采购时，总是抠得很紧。他们情愿买个大液晶电视挂在客厅里让人羡慕，也不愿在卫生洁具固定设施上多花一分钱用来买款式新颖的好产品。这也是个消费误区，天天使用的东西，最好一步到位。

常用的卫生洁具有以下种类

①洗脸盆：可分为挂式、立柱式、台式三种。

②座便器：可分为冲落式和虹吸式两大类。按外形可分为连体和分体两种。新型的座便器还带有保温和净身功能。

③浴缸：形状花样繁多。按洗浴方式分有坐浴、躺浴和带盥洗底盘的坐浴；按功能分有泡澡浴缸和按摩浴缸；按材质分有亚克力浴缸、钢板浴缸、铸铁浴缸等。

④冲淋房：由门板和底盆组成。冲淋房门板按材料分有 PS 板、FRP 板和钢化玻璃三种。冲淋房占地面积小，适用于淋浴。

⑤净身盆：妇女专用。目前国内有条件的家庭已经接受使用。

⑥小便斗：男士专用。现在在家居装饰装修中使用频率日益增多。

⑦五金配件：形式花样更是各异。除了上述提到的洁具配件外还包括各种水嘴、玻璃托架、毛巾架（环）、皂缸、手纸缸、浴帘、防雾镜等。

淋浴房是家庭普遍的选择，一般市场上有以下几种。

①立式角形淋浴房（图 54）：从外形看有方形、弧形、钻石形；以结构分有推拉门、折叠门、转轴门等；以进入方式分有角向进入式和单面进入式。角向进入式最大特点是可以更好地利用有限浴室面积，扩大使用率。常见的方形对角形淋浴房能更好地利用有限浴室面积，扩大使用率，弧形淋浴房、钻石形淋浴房均属此类，是应用较多的款式。

②一字形浴屏（图 55）：有些房型宽度窄，或有浴缸位但户主并不愿用浴缸而选用淋浴屏时，多用一字形淋浴屏。

③浴缸上浴屏（图56）：许多住户已安装了浴缸，但却又常常使用淋浴，为兼顾二者，也可在浴缸上制作浴屏，一般浴缸上用一字形或全折叠形较为常见，但费用很高，并不合算。

图 54　　　　　　　　　图 55

一般人买洁具往往忽视洁具的配件，如浴缸的下水管，如果用厂家配的塑料管，那么时间长了就会老化、渗水，而用标准的紫铜软管就可以万无一失。如果用装修公司的角阀，几块钱一个，造型难看且质量差，无法和高档洁具配套。往往安装质量上的细节决定了

图 56

装修的最终效果，如果龙头装得歪歪斜斜，管子拖得噼噼啦啦，就谈不上什么高品质的家居生活了。

在工程交付使用后，要注意保护保养卫生洁具。最好每星期清洗浴缸，每次使用后保持干爽。清洗洁具可使用中性液体清洁剂及使用柔性布料或良好海绵。切忌使用磨损及高碱性的清洁用品。避免使用深色的清洁剂，容易使色素渗入釉面。避免经常性滴水而导致浴缸积水，不要把金属物品放在缸内，以免生锈。洁具如有任何损坏，应立即通知有关公司维修，以免问题恶化。

浴缸的选择

　　首先要考虑的是尺寸、形状、款式和材料。浴缸的大小要根据浴室的尺寸来确定，安装在角落的浴缸比一般长方形的浴缸多占用空间，尺寸相同的浴缸，其深度、宽度、长度和轮廓也并不一样。通常水深点的浴缸泡澡舒服；家中有老人或伤残人，最好选边位较低的、带扶手的，这样安全。

　　如果买有裙边的浴缸，要注意裙边的方向。要根据下水口和墙壁的位置，确定选左裙还是右裙。预留好检查孔才能安装。

　　如果浴缸之上还要加上淋浴喷头，那么所选的浴缸要稍宽点，免得水溅到外面；淋浴位置下面的浴缸部分要平整，且应选择经防滑处理的款式，这样才能保证安全。淋浴喷头有挂墙式和入墙式两种款式，挂墙式比较适合家庭使用，一般高档装修使用入墙式的。

　　如果选择按摩浴缸，就要单放电路，事先要确认位置和功率。因为它是用电泵来冲水的，还要考虑到上下水的位置，一定要看是否符合安全标准。

　　浴缸的喷头与配件，与座便器、面盆配件一样，一定要选配套产品。其外观的挑选与其他卫浴产品大体相同。浴缸材质的优劣主要是看表面是否光洁、手摸是否光滑来确定。钢板和铸铁浴缸，如果搪瓷镀得不好，会出现细微的波纹。

　　浴缸的坚固度需要用手按、用脚踩试。材料的质量和厚度关系到浴缸的坚固度，光靠目测是看不出来的，需要亲自按一按、踩一踩，如有下陷的感觉，就说明硬度不够。

　　浴室五金也是室内装饰配套的重要环节，就像衣服上的装饰物一样，这些东西的品质直接影响整个空间的档次和审美情趣。现在市场上龙头的表面处理，分为镀钛金、仿金、不锈钢镀铬、烤漆等多种。一般来讲，在木本色或白、粉家居格调下，选择黑、红、黄色水龙头，能对家居色彩起到画龙点睛的作用。当然，纯粹金属色的龙头还是主打。挑选时，以光亮无气泡、无疵点、无划痕为合格标准。普通进口龙头都有 10μm 以上的镀层，目的是防锈、美观、保证使用期限。有行家透露，挑选时用手指按一下龙头表面，指纹很快散去的，说明涂层不错，指纹越印越花的就差一些。

　　除维持出水功能外，龙头还要靠盘桓其上的手柄体现装饰效果。最常见的有不锈钢或铜制的球形手柄、空心手柄和实心手柄，各色点的还有晶莹剔透的水晶制成的手柄。如果家居风格偏欧式，那么水晶类手柄可以更加提升档次。有一些龙头手柄呈细长的圆锥形或倒三角形，属于现代派的造型。

　　选择龙头时，首先要搬动几下开关，查看龙头各部件是否配合牢固、紧密。扭动开关时，手感轻柔的为好。一般上下左右开关幅度大的，日后才能稳定地调节水温，而上下达到 30 度，左右达到 90 度的为最佳。有一点要注意，龙头轻并不代表手感好。无论是觉得费力发涩还是手感轻飘，都说明装配结构不合理，这样的水龙头在使用中不是出水不好，就是水压大时容易漏水。龙头质量的好坏关键在于阀芯。目前市场上的龙头主要有陶瓷阀芯、球阀芯和橡胶阀芯。陶瓷阀芯是新一代的阀芯材料，密封性能好，物理性能稳定，使用寿命长，一般正常使用在 10 年以上。龙头主体由黄铜、青铜（或铜合金）铸造而成，整体浇铸性能好。

一般水龙头（图 57）分为以下几种。

①三联浴缸龙头。有两个出水口，一个连接浴缸花洒，一个连接花洒下面的龙头，供淋浴用。

②双联面盆龙头。用于卫生间的各式面盆上方，出水口较短较低，主要用于洗涤、洁面。

③多功能厨房龙头。一般为双联，可通

图 57

冷热水。出水口较高，龙头前端较长，有的甚至还设有软管，可多角度旋转，供洗涤用。

从结构上分为：①单柄类。特点为开关灵活，使用寿命长，调节温度快捷方便。②带 90 度开关的龙头。特点为在传统双手柄的基础上，用陶瓷片进行密封，开关龙头时旋转手柄 90 度即可，分冷热水两边进行调节，开启方便、款式多样、造型繁多。③传统的螺旋稳升式龙头（橡胶密封）。出水量大，价格低廉（目前已较少采用）。④不锈钢空心球密封和阀杆式密封龙头。一般为进口龙头采用，有的甚至是全温控的，价格较昂贵。

挑选水龙头技巧

①首先看表面。水龙头的主体由黄铜、青铜（或铜合金）铸造而成，经磨抛成型后，再经镀铬及其他表面处理。正规的产品主体浇铸及表面处理均有严格的工艺要求，并经过中性盐雾试验，应在相应的时段内无锈蚀。因此，挑选龙头时应注意其表面，手摸无毛刺，观察无气孔、蚀迹，无氧化斑点，晶莹亮泽。水龙头的表面镀层有镀锌、镀钛、喷漆等。镀层厚的较好，可用眼观察镀层表面是否光亮。进口龙头的镀层较厚，不易脱落和氧化。电镀层应有保护膜，没有保护膜的电镀层容易褪色。

②轻轻转动手柄，看是否轻便灵活，有无阻塞滞重感。开关无缝隙、轻松无阻、不打滑的龙头比较好。劣质的间隙大，受阻感大。

③敲击龙头主体，看声音是否沉闷，且仔细观察龙头接口，看是否为铜

体。若敲击时声音清脆，则可能是不锈钢等材质，当然要差一些。看龙头各个零部件，尤其是主要零部件装配是否紧密，好的水龙头的阀体、手柄全部采用黄铜精制，自重较沉，有凝重感。

④检查水龙头的各个零部件，观察装配是否紧密有无松动感。一般单手柄混水面盆龙头在出厂时都附有安装尺寸图和使用说明书。在安装使用前应打开商品包装检查合格证，以免使用"三无"产品。倘若是进口商品更应格外细心。

另外，应检查配件是否齐全，一般配件应装有：全套固定螺栓及固定铜片和垫片；全套面盆提拉去水器；两根进水管。

龙头需与洁具的结构尺寸配套。面盆、洗涤槽器具通常有单孔、双孔、三孔之分，孔距为 100mm、150mm、200mm，要选择与之匹配的龙头。

水龙头的保养技巧

要用细软的布涂上牙膏来清洁表面，然后用清水清洁表面，不可以使用碱性清洁剂或者用百洁布、钢丝球来擦拭，以免使电镀表面受损。单柄龙头在使用过程中，要慢慢开启和关闭，双柄龙头则不能关得太死，否则会使止水栓脱落，引起关不了、止不了水。出水口的部位一般会有发泡装置（又叫发泡器，不一样的龙头，发泡器也不同），因为水质问题，常使龙头使用一段时间后发生水量小，这可能是因为发泡器被杂物所堵塞，可旋下发泡器用清水或者针来清除杂物。

二十二、如何选购板材

在写这一节的时候，我的心情很沉重，一方面这个科目涉及的东西太多，要概述得很透彻比较困难。另一方面也是由于人造板材是室内环境污染的主要来源，牵涉到千家万户的生活质量，关系到人体的健康，很多话凭良心是不得不讲的，哪怕得罪了很多业内的资深人士。

现在家庭装修一般都采取半包形式，也就是说水泥、黄沙、木材、板材、吊顶材料、油漆材料和部分五金由装修公司提供，而这些大宗材料正是装修公司的利润所在，每个公司都不是靠工人的劳动收管理费运作，而是靠材料的利润发财。业主选择了半包，是为了省去运输的麻烦，也因为不懂材料，与其给材料商宰，不如给装修公司赚，这样也能保证施工的质量。而很多装修公司，除了很大的公司有统一配主材的物流中心外，基本上都是采取分包形式，业主付了第一期款后，就提走公司的利润，剩下的钱由项目经理运作，包工头如果出了问题，反正有押金在公司，这就保证了公司的利益。

这样就导致即使业主在合同里已经注明是某一个品牌的材料，但包工头还是会偷梁换柱，那些不法商贩也会随便贴商标，反正不是每个业主都懂行，每块板材都去检测，到最后家人的身体出现不适的时候已经晚了。这是个行业问题，更是个社会问题，不是我们专家没有把技术问题讲到位。这就是现实。

一般选购板材我都建议客户到建材超市去看品牌、看样式、看价格。他们的木业销售货架上有上过油漆的各种板材样板，这样客户就知道切面板最终的效果，从而作出正确的选择。

装饰面板，俗称面板 (图 58)

是将实木板精密刨切成厚度为 0.2mm 左右的微薄木皮，以夹板为基材，经过胶粘工艺制作而成的具有单面装饰作用的装饰板材。它是夹板存在的特殊方式，厚度为 3cm。装饰面板是目前有别于混油做法的一种高级装修材料。

切面板 (图 59)

种类很多，材质也不同，价格相差很大，由于切面板是天然木材切片胶合而成，所以每块板材都有木纹肌理的不同，基材和厚度也很重要。一般是柳桉芯的为好，进口切面板质量有保障。

应挑选木纹、颜色相近的胶合板。正面不得有死节和补片；角质节（活节）的数量也要少于 5 个,没有明显的变色及色差和裂缝；无腐朽变质现象。

图 58

挑选细木工板时要注意制作工艺，一般来说，手拼板没有机拼板质量好。手拼板（图60）是用人工将木条镶入夹层之中，这种板一般板芯木条排列不齐、缝隙大，多为下脚料，板面有凹凸，持钉力差，不宜锯切加工，一般只能整张使用在家庭装修的部分项目中，如做实木地板的垫层毛板等。机拼板的板芯排列均匀整

图59

齐，面层加压板芯材结合紧密，可以做门套家具。其次，芯材最好不选硬杂木的。细木工板的芯材多为杨木、松木、桐木、椴木和硬杂木。内填松木等树种的持钉力强，不易变形；最好不要选硬杂木的，因为硬杂木不"吃钉"。还要注意板材的外观。如果细木工板的周边有补胶、比腻子的现象，就说明它的内部一定有缝隙或空洞。还可以用尖嘴器具敲击板材表面，如果声音差异较大，就说明内部有空洞。另外，还要看板材的表面是否平整、有无凹凸、是否弯曲变形等。好的板材是双面砂光，用手摸感觉非常光滑，四边平直，侧口芯板排列整齐、无缝隙。要注意检测板材的含水率，细木工板的含水率应不超过12%。优质细木工板采用机器烘干，含水率可达标，劣质大芯板含水率常不达标。

更要注意板材的甲醛含量。甲醛主要会对呼吸系统造成伤害，已被世界卫生组织确认为致癌物质，它主要是从细木工板中释放出来。选择时，应避免用有刺激性气味的装饰板。因为气味越大，说明甲醛释放量越高，污染越厉害，危害性越大。

现在板材行业发展迅速，已经形成了品牌，华东地区用得比较多的是上海群福木业的兔宝宝牌，江西的绿野牌、闾林、莫干山、东大和金湘福等基本上是信得过产品。好的木工板质地紧密，木纹清晰自然，表面平滑，安全环保，为了家人的健康，请选用好的材料。

图60

近年来由于人们普遍重视环保问题，所以集成材走俏，这是一种新兴的实木材料，采用优质进口大径原木，精深加工而成像手指一样交错拼接的木板。由于工艺不同，这种板的环保性能优越，是大芯板允许含甲醛量的1/8，价格高些，但是可以直接上色、刷漆，要比细木工板省去一道工序，最后算下来施工的费用可能持平。有些人就是追求这种自然的本色美，缺点是强度不高，不能承重，容易变形，以美国云杉的质量最好，国产的表面质量毛糙些。

刨花板 （图 61）

是天然木材粉碎成颗粒状后经压制而成，是目前橱柜的主要材料。中密度板是用粉末状木屑经压制后成型，平整度较好，但耐潮性较差。相比之下，密度板的握钉力较刨花板差，螺钉旋紧后如果发生松动，由于密度板的强度不高，很难再固定，因此很少用于做柜体。

图 61

三聚氰氨板 （图 62）

全称是三聚氰氨浸渍胶膜纸饰面人造板。是将带有不同颜色或纹理的纸放入三聚氰胺树脂胶粘剂中浸泡，然后干燥到一定固化程度，将其铺装在刨花板、中密度纤维板或硬质纤维板表面，经热压而成的装饰板。不怕水火，主要用在家具和橱柜上。价格比较贵，吉林露水河的板子质量较好。

图 62

多层胶合板 （图 63）

由三层或多层 1mm 厚的单板或薄板胶贴热压制成。常见的有三夹板、五夹板、九夹板、十二夹板、十五夹板和十八夹板（俗称三合板、五厘板、九厘板、十二厘板、十五厘板、十八厘板）。

图 63

目前多层板有杨木芯和柳桉芯，甲醛释放量可达国标 E1 级。胶合板面板木纹清晰，正面光洁平滑，不毛糙，平整无滞手感，拼缝处严密，没有高低不平现象，无破损、碰伤、硬伤、疤节和脱胶现象。一般用于家具制作、门窗套制作等。

防火板 （图 64）

一种高级新型复合材料，又称高压装饰耐火板。由于其背面很像木质材料，有些人以为它是用自然木材做的，其实不然。防火板是用牛皮纸浆加入调和剂、阻燃剂等化工原料经高压合成。防火板从底面至表面共分四层，依次为：黏合层、基层、装饰层、保护层。其中黏合层和保护层对防火板质量的影响最大，也决定了防火板的档次及价位。

选择防火板时要注意看它的厚度。防火板厚度一般为 0.6~1.2mm，一般的贴面选择 0.6~1mm 厚度就可以了。另外，还要注意防火板的外观（1m 以外目测无瑕疵）及耐磨、耐辐射、尺寸稳定性、起泡时间等技术指标。防火板的耐沸水、耐高温、耐污染等技术性能一般都合乎要求，无多少质量问题。

图 64

在和装修公司签约时，业主自己应该到市场上调查一下，首先是环保的产品价格是多少，什么样的质量，如果对装修公司指定的品牌质量不满意，可以要求购买指定品牌的产品，然后补给装修公司材料的差价，这样就能保证材料的质量。

二十三、如何选购木材木线条

现在家庭装修用的原木材（图 65）越来越少，再也不是以前用水曲柳打实木家具的概念了，而且家具和木门基本上都是工业后场制作，在现场就是吊顶要用松木楞子，做造型需要几块木方的概念。而吊顶从理论上讲，最好使用轻钢龙骨，这样可以避免火灾的隐患。

大部分业主买白松：材质轻软，富有弹性，结构细致均匀，干燥性好，耐水、耐腐，加工、涂饰、着色、胶结性好。白松比红松强度高。要注意干燥程度，不是表面烘得越黑越好，而是要看内部的含水率，要凭经验，有仪器可以检测。

木线条用硬杂木、进口洋杂木、白木、白元木、水曲柳木、山樟木、核桃木、柚木等质硬、木质较细、耐磨、耐腐、不劈裂、切面光滑、加工性良好、上色好、黏结性好、钉着力强的木材，干燥处理后，经机械或手工加工而成。木线条

图 65

木材的分类

①按树种分：针叶树材（如松木、柏木等）和阔叶树材（如榆木、桦木、杨木等）。

②按用途分：原条、原木、锯材三类。

③按材质分：原木分为一、二、三等；锯材分为特、一、二、三等。

④按容重分：为轻材——容重小于 400kg/m³；中等材——容重在 500~800kg/m³；重材——容重大于 800kg/m³。

常用木材 （图 66）

①红松：材质轻软，强度适中，干燥性好，耐水、耐腐，加工、涂饰、着色、胶结性好。

②白松：材质轻软，富有弹性，结构细致均匀，干燥性好，耐水、耐腐，加工、涂饰、着色、胶结性好。白松比红松强度高。

③桦木：材质略重硬，结构细，强度大，加工性、涂饰、胶合性好。

④泡桐：材质轻软，结构粗，切水断面不光滑，干燥性好，不翘裂。

图 66

⑤椴木：材质略轻软，结构略细，有丝绢光泽，不易开裂，加工、涂饰、着色、胶结性好。不耐腐，干燥时稍有翘曲。

⑥水曲柳：材质略重硬，花纹美丽，结构粗，易加工，韧性大，涂饰、胶合性好，干燥性一般。

⑦榆木：花纹美丽，结构粗，加工性、涂饰、胶合性好，干燥性差，易开裂、翘曲。

⑧柞木：材质坚硬，结构粗，强度高，加工困难，着色、涂饰性好，胶合性差，易干燥，易开裂。

⑨榉木：材质坚硬，纹理直，结构细，耐磨，有光泽，干燥时不易变形，加工、涂饰、胶合性较好。

⑩枫木：重量适中，结构细，加工容易，切削面光滑，涂饰、胶合性较好，干燥时有翘曲现象。

⑪樟木：重量适中，结构细，有香气，干燥时不易变形，加工、涂饰、胶合性较好。

⑫柳木：材质适中，结构略粗，加工容易，胶接与涂饰性能良好。干燥时稍有开裂和翘曲。以柳木制作的胶合板称为菲律宾板。

⑬花梨木：材质坚硬，纹理直，结构中等，耐腐蚀，不易干燥，切削面光滑，涂饰、胶合性较好。

⑭紫檀（红木）：材质坚硬，纹理直，结构粗，耐久性强，有光泽，切削面光滑。

⑮人造板：常用的有三合板、五合板、纤维板、刨花板、空心板等。因各种人造板的组合结构不同，可克服木材的胀缩、翘曲、开裂等缺点，故在家具中使用，具有很多的优越性。

挑选木材注意事项

①木材应不开裂、不翘曲、颜色正、纹理顺。
②木材不能腐朽、变色、有虫害。
③必须经过干燥，含水率不能超过 15%。北京地区宜在 12%以内。

应用广，品种多，外形、规格多样，常用于不同材料面、不同造型面、不同层次面的交接处的封口、封边及各种材料（主要是木材）的收边等。是木装修的重点效果部分，也能看出装修的档次和工人的手艺。

二十四、如何挑选制作门窗

木门窗是家庭装修的重要组成部分，要和整个装修风格相协调，也是衡量制作工艺是否精良的重要标志，是门面的问题，也存在环保问题，一定要慎重选择，保证制作和安装的质量。

大部分木工在现场打的木门，是用白松料或细木工板作内衬，然后用万能胶或白乳胶和切面板胶结合，做上造型，四周用实木线条收边，在开锁处留一块木方就行了，这样的做法成本较低，留给装修公司的利润空间较大，而且容易起鼓变形，在现场制作也会引起污染，久久不容易散去。

现在很多工地，都是由木工做门套，然后订做门，这样的好处是解决了门套的承重问题和尺寸配合问题。套装门的门套往往是拼合的，不如直接在墙体上固定结实，在准备安装门的那个位置，需要选用双层木工板，要保证质量好，能握住钉子，不让门出现松动、倾斜等问题。

门的种类很多，很多都贴上实木门的标签，实际上工艺、质量的差别很大。

①夹板门（图67）：两面是三夹板，里面是木方或板材开成条压制而成，也叫空心门，隔音性能较差，施工简单，但是如果施工得当，不容易变形，好交工。

②模压门（图68）：使用热压机，将工业材质压制而成，即表面PVC仿木纸，中间用碎木屑、刨花压制而成的，也是空心门，但是造价低，美观，工业化程度高，已经大面积普及。只是可供选择的颜色不多，生产周期较长。

③实木工

图67

图68

艺门（图69）：是以木材、胶合板为主要材料复合而成的实型体，表面为木制单板贴皮的门。一般是杉木芯，表面上压1cm厚的密度板，再贴上0.6mm厚的实木皮。这种门的好处是档次高，隔音效果好，不易变形，但也有轻微的热胀冷缩。

④原木门（图70）：用4.5cm厚、2m高的大木料，直接做成门的造型。大部分是枫木、橡木或胡桃门，都是进口的木材，经过高温烘干处理后，加工而成，是高档装修的选择。

图69

图70

成品门和手工做门的选择

由于是工业化生产，套装木门从品质、油漆效果、环保这几个方面要远远高于手工做门。一般来讲，名牌木门都有比较具规模的生产机械设备，在木材的干燥度、指接、平整度、油漆流水线上都比较成熟。而手工木门及套多采用大芯板及三合板制作，刷的漆一般没有工厂出来的漂亮，因此从精致和细部的角度说，做门不如买门好。但由于套装门的生产厂家流水化生产的特性，决定了套装门样式以及色彩的重复性强和缺少变化的缺陷。而手工门的随机性很大，可以满足主人微小的细节要求，如暗门、隐形门等。如果在家装过程中，木工活制作比较多，手工门就可以更方便地与整体装修风格相配套。套装门的服务周期短，安装速度快，一般在五六樘门，一天即可安装完毕。而手工制作从钉门套到油漆结束，大约要用半个月时间。另外，在现场制作门，必须用胶，导致了污染，所以从总的优劣对比上看最好是买成品门。

木门的选择颜色要服从整体风格。当居室环境为暖色调时，木门可以选择较暖的色系，如紫葳、樱桃木、柚木、沙比利等。当居室环境为冷色调时，应该选择浅一点的木门，如混油白色、桦木等。现在很多的业主都选择了白色的模压门，这就省去了很多配色的麻烦，价格适中，便于安装，是今后家庭装修的趋势。

木门挑选常识

首先要看款式及色彩：装修房子的目的是为了创造一个温馨和谐的居住环境，所以选择木门时要考虑同居室风格的协调搭配。装饰风格平稳素净就选择大方简洁的款式；活泼明快，我们就选择轻盈雅致相搭配；古典安逸则饰以厚重儒雅。

然后看色系：好的色彩搭配是点缀居室的关键要素，因此我们在确定了款式之后需要考虑的是木门的色彩跟居室色彩的搭配。居室配色基本上是以类似色度为主附以对比因素，一般来说有深色（柚木、黑胡桃）、本色（枫木、白橡、水曲柳）和白色三种色系比较常用。就看业主自己的喜好了。

最后凭手感：只能通过简单的表象检验手段来评定产品的工艺质量。这里教给大家两个办法：手摸和侧光看。用手抚摩门的边框、面板、拐角处，要求无摩擦感、柔和细腻，然后站在门的侧面迎光看门板的油漆面是否有凹凸波浪。基本上靠这两项就可以知道做工是否合格了。最后要看厂家相关资质证书。

从制作工艺上讲，各种门的性能比较如下。

1. 实木复合门（图71）

实木复合门的门芯多以松木、杉木或进口填充材料等黏

图71

合而成，外贴密度板和实木木皮，经高温热压后制成，并用实木线条封边。一般高级的实木复合门，其门芯多为优质白松，表面则为实木单板。由于白松密度小、重量轻，且较容易控制含水率，因而成品门的重量都较轻，也不易变形、开裂。相比纯实木门昂贵的造价，实木复合门的价格一般在 1200 ~ 2300 元一扇。除此之外，现代木门的饰面材料以木皮和贴纸较为常见。木皮木门因富有天然质感，且美观、抗冲击力强，而价格相对较高；贴纸的木门也称"纹木门"，因价格低廉，是较为大众化的产品，缺点是较容易破损且怕水。

2. 实木门 (图 72)

实木门选择天然原木做门芯，经过干燥处理，然后经下料、刨光、开榫、打眼、高速铣形等工序科学加工而成。实木门所选用的多是名贵木材，如樱桃木、胡桃木、柚木等，经加工后的成品门具有不变形、耐腐蚀、无裂纹及隔热保温等特点。同时，实木门因具有良好的吸音性，有效地起到了隔音的作用。实木门天然

图 72

的木纹纹理和色泽，对崇尚回归自然的装修风格的家庭来说，无疑是最佳的选择。实木门自古以来就透着一种温情，不仅外观华丽、雕刻精美，而且款式多样。实木门的价格也因其木材用料、纹理等不同而有所差异。市场价格 1500~3000 元不等，其中高档的实木有胡桃木、樱桃木、沙比利、花梨木等，而上等的柚木门一扇售价达 3000 ~ 4000 元（如较高档的花梨木门，大约 2300 元一扇；中高档的胡桃木、樱桃木、沙比利等木门，则需 1900 元一扇）。一般高档的实木门在脱水处理的环节中做得较好，相对含水率在 8% 左右，这样成型后的木门不容易变形、开裂，使用的时间也会较长。

3. 模压木门 (图 73)

模压木门因价格比实木门更经济实惠，且安全方便，受到中等收入家庭的青睐。模压木门是由两片带造型和仿真木纹的高密度纤维模压门皮板经机械压制而成。由于门板内是空心的，自然隔音效果相对实木门来说要差些，并且不能湿水。模压木门以木贴面并刷清漆的木皮板面，保持了木材天然纹理的装饰效果，同时也可进行面板拼花，既美观活泼

又经济实用。模压门还具有防潮、膨胀系数小、抗变形的特性，使用一段时间后不会出现表面龟裂和氧化变色等现象。较手工制作的实木门来说，模压门采用的是机械化生产，所以其成本也低。目前，市场上的模压木门多在 380~500 元一扇。

4. 密度板模压门（图 74）

密度板一次双面模压成型，门芯空心，款式单一，档次低。

图 73　　　　　　　　　　　图 74

5. 细木工板双包门（图 75）

半手工、半机械化生产，门芯松木框架，细木门板两面包，款式单一，平板门为主，档次低。

6. 全实木榫结构门（图 76）

简单机械化生产，全实木，有松木、铁杉木、楸木、水曲柳等材质，其结构主要为门框榫连接，镶嵌门芯板，在市场上属中高档产品。由于全实木的原因，在品质上存在致命的缺陷：门体易变形、榫连接处开裂、门芯板收缩露白等。

现在很多家庭都用防盗门，即使小区配有防盗门，但由于款式、颜色、质量不理想，往往在装修完了之后，业主也会自行购买防盗门。

市场上的防盗门外观相差无几，但价格却相差几百元之多。而大多消费者在选购时往往只注重式样是不是漂亮，或凭感觉从外观上对门进行目测，顶多用手敲一敲门板，试一试门锁，殊不知其质量存在很大差异。

图75

图76

在选购防盗门时要注意以下几个重点

第一，防盗门钢板厚度必须在 1.0mm 以上，合格的防盗安全门所使用的材料必须符合国家标准要求，钢质防盗门的门框使用的钢板厚度不应小于2mm，门扇的前后面板一般采用厚度在 0.8~1mm 之间的钢板，门扇内部设有骨架和加强板，并灌装绢纸发泡、苯胺纸发泡等填充物增加门的抗击力。门锁、铰链等五金配件也要达到防盗性能。第二，要检查是否是翻新的旧门。要检验是不是翻新的旧门，可留意交钥匙的过程。一般情况下，新的防盗门的包装是完好的，安装工人当着客户的面打包，钥匙应该在包装里面，钥匙的包装也应该是完整的，要当着客户的面装上锁芯，装上锁后，再把钥匙交给客户。但如果门的包装本身就有破损，而钥匙装在工人的兜里，就有可能是翻新门了。在装修期间用的钥匙要多配一把，好周转，装修完了后就全部更换，保证安全。

塑钢门窗（图77）也是家庭装修期间必须考虑的，有的小区只能装无框阳台，里面的质量参数很多，价格相差也很大。

塑钢门窗是新一代门窗材料，因其抗风压强度高，气密性、水密性好，空气、雨水渗透量小，传热系数低，保温节能，隔音隔热，不易老化等优点，已经取代钢窗、铝合金窗。塑钢门窗的构造以硬聚氯乙烯（PVC）塑料型材为主材，加上五金件组成。

图 77　　　　　　　　　　　　图 78

选购塑料门窗要注意的事项

不买廉价塑钢门窗。要重视玻璃和五金件。玻璃应平整、无水纹。玻璃与塑料型材不直接接触，有密封压条贴紧缝隙。五金件齐全，位置正确，安装牢固，使用灵活。

门窗表面应光滑平整，无开焊断裂。密封条应平整、无卷边、无脱槽，胶条无气味。门窗关闭时，扇与框之间无缝隙。门窗四扇为一整体，无螺钉连接。推拉门窗开启滑动自如，声音柔和，绝无粉尘脱落。门窗框、扇型材内均嵌有专用钢衬。玻璃应平整，安装牢固，安装好的玻璃不直接接触型材。不能使用玻璃胶。若是双玻平层，夹层内应没有灰尘和水汽。开关部件关闭严密，开关灵活。

由于加工塑钢门窗的都是小作坊，他们的材料很多是假冒的，就是真的材料，在配件上也会玩花样，所以一定要事先多跑几家比较，把主要材料事先约定好，尤其是材料的厚度控制好，这样才能不吃亏。

现在很多人家的窗户是飘窗，阳光直晒，面积比较大，用切面板做窗套，时间长了就会起鼓、变色、变形，所以有些人家干脆就不做窗套，只做大理石窗台，用靠垫就行了，这样也比较省事，大方、简洁。

窗套的做法也有很多，要具体情况具体对待。还要考虑窗帘的问题，及如何处理好窗帘盒。如果让木工做整面墙的窗帘盒，就要考虑那么长的窗帘盒变形的问题，更多人家选择的是不做窗帘盒，用罗马窗帘杆（图78），效果一样好。

二十五、如何挑选地板

一家的木地板往往上万元，是整个家庭装修的重点，对空间环境的色彩构成起很大的影响，地板的质量、安装水平的高低往往代表着整个家庭装修的档次和水平。

市场上大概有五类地板：实木地板、实木复合地板、强化复合木地板、竹地板和软木地板。

1. 实木地板（图79）

花纹自然美观，脚感好，对空气湿度有调节作用，不打滑，是一般家庭的首选。由于环保的因素，森林资源的缺乏，实木地板越来越珍贵，在购买木地板的时候就要对材质、质量、价格、颜色作综合的考虑，找到适合自己家庭的。

一般我在帮客户挑选地板的时候，会推荐那些中等价位、纹理清晰、分量比较重、颜色偏褐色的品牌地板。因为从理论上讲，深色地板比较硬，材质好，不易变形，但是现在很多的地板是人工染色，走在上面，拖鞋都会留下脚印，实际的材质并不好，太便宜了无好货，太贵了，又无法承担，选择时完全要靠经验来判断。

图79

2. 实木复合地板（图80）

近几年从国外引进的新品种，国内也有生产，使用不同树种的切面板材交错层压而成，这样就克服了实木地板同一方向纹理变形的问题。热胀冷缩现象很小，可以做地暖表面的地面材料，保留了木质的自然美和脚感，节约了自然资源，安装快捷，在国外大面积使用，国内的

图80

普及也很快，价廉物美，污染小，是一种理想的地面材料。

3. 强化复合木地板（图81）

将原木粉碎后填加胶、防腐剂、添加剂，经热压机高温压制而成，整体效果好，不会有木结疤和大的色差，强度高，一般选择表面初始耐磨值在6000以上的强化木地板。选择时要用鼻子闻一下，看看有没有刺激的味道，取小样放在清水中泡30分钟，看看是否变形。地板的厚度要在8mm以上。安装的时候不能用劣质的地板胶，那样会导致污染。

4. 竹地板（图82）

一种环保材料，自然、美观、经久耐磨、冬暖夏凉、防虫耐腐，也是一种很好的地面材料，在国外很受青睐，在国内市场有待开发。

图81

图82

5. 软木地板（图83）

一种高级地板材料，是由桦栎木的树皮制成的，更加环保、防潮，走上去没有声音，花色很粗犷原始，用专用的胶直接贴在地表面基层上，施工工艺比较复杂。

安装地板的辅材也很重要，地板楞要选择阔叶松材质，经过高温烘干，有很好的握钉性能，间距在30cm左右。现在正规地板厂家已经很少使用木塞固定在地下，用麻花钉固定地板楞，容易把楼板中的电线打

图83

断，调整地板时，也容易导致地板松动产生响声。一般都是用膨胀管，加长木螺丝拧紧，这种安装方法的强度高，调节方便。

安装地板时（图84）一定要先检查基层，有些瓦工在房间内调水泥、黄沙，把地面搞湿了，安装地板时就会导致地板变形。要把电路图找出来，标注好，固定木楞时可以避开，万一打到电线了要及时发现、补救。最好的方法是看看楼下的电灯亮不亮，因为一般预埋在楼板里的都是照明电。

在买地板的时候，最好放 1 ~ 2m² 的余量，这是因为在安装的时候会有损耗，地板也有色差，因此需要有个挑选的余地，正规地板厂家是可以退换货的。

图 84

如何挑选复合地板

首先看耐磨值。耐磨值是用转数表示的，转数越大，耐磨程度越高，价位也就越高。一般家庭使用耐磨值在 10 000 转左右就够了。

其次看企口是否平直。企口的完整程度直接关系到木地板的使用寿命。然后挑颜色和木纹。一定要考虑房间的大小、家具颜色、风格和个人的爱好。一般来说，房间大，可选择颜色深一点、木纹复杂点的地板；房间小，选择颜色浅一些、木纹素雅一点的更好。最后挑板面光洁度。

复合地板从板面光洁度方面大致分为沟槽型、麻面型、光滑型等。这些品种无所谓哪一种好，完全取决于您的个人爱好。在相同价位下就看你的眼光和判断力了。

如何挑选实木地板

首先看材质。实木地板品种繁多，可简单地分为浅色材质和深色材质。浅色材质色彩鲜艳、均匀，但由于木质的形成时间短，膨胀系数相对较大，较易受潮；深色材质的地板木质形成的时间较长，膨胀系数较小，不易受潮并有防水、防虫的特性，色差大，年轮变化明显。其中，珍贵、稀少的有香脂木豆、柚木、绿柄桑、非洲缅茄等；稳定性较好的有蚁木、李叶苏木、萨佩莱、塔利、铁苏木、印茄、双柱苏木等；木材纹理清晰的有玉蕊木等。色差较大的有蚁木、香二翅豆等；价廉物美、市场旺销的有甘巴豆等。实木地板因材质的不同，其硬度、天然的色泽和纹理差别也较大。比较常用的地板有重蚁木（依贝）、香二翅豆、坤甸铁樟（铁木）、柚木、印茄（菠萝格）、香茶茱萸（芸香）、水曲柳、桦木、水青冈（山毛榉）、桦木等。

其次选颜色。优质的实木地板应有自然的色调和清晰的木纹，材质肉眼可见。如果地板表面颜色深重，漆层较厚，则可能是为掩饰地板的表面缺陷而有意为之；在地板为六面封漆时尤需注意。同时，由于地板块在其母体（树木中）所处的位置不同，有边材、心材、木表、木里、阴面、阳面的差异，且板材的切割方式有弦切、径切的分别，故色差必然存在；正是色差、天然的纹理、富有变化的肌理结构才彰显了实木地板的自然风采。

然后选尺寸大小。从木材的稳定性来说，地板的尺寸越小，抗变形能力越强。现在市场上流行宽板，宽板较窄板来说更为美观、大方，纹理舒张，花纹完整。

最重要的是看地板的质量，含水率在 10% ~ 13% 之间合适。用 10 块地板拼装后看整体效果和工艺。观察有无色差、虫眼、腐朽等现象。

最后看漆膜质量。不论亮光或亚光漆地板，挑选时均应观察表面漆膜是否均匀、丰满、光洁，无漏漆、鼓泡、孔眼。最好不要买六面封漆的地板。因为实木地板是天然原木制品，是富有生命活力的活性物质，需要留出空间给地板呼吸。同时也防止地板内应力变化而引起漆面开裂。两面封漆还可以让用户从侧面观察材质。油漆分 UV、PU 两种，一般来说，含油脂较高的地板如柚木、蚁木、紫心苏木等需要用 PU 漆，用 UV 漆会出现脱漆起壳现象。PU 漆面色彩真实，纹理清晰，如有破损也易于修复。PU 漆由于干燥时间长，加工周期长，PU 漆地板的价格会比 UV 漆地板的价格稍高一点。

地板出现色差的原因

①一箱地板中有些是用树根做成的地板，有些是用树梢做成的地板。靠近树根的地板颜色深、重量大；靠近树梢的地方颜色浅、重量轻；靠近树皮的地方颜色浅、重量轻；靠近树心的地方颜色深、重量大。因此，大家发现一箱地板中颜色深浅有时不一致，重量不一样就是这个原因。

②地板的开板方向不同（如有些地板是径切而成，有些是弦切而

成），加工出来后地板纹理不一致，不同木纹的两块地板放一块视觉上也会出现色差，这时就需要安装工人的精心调节。

③木头是多孔性材料，不同部位的材质疏密不一样，各部位吸引光线和油漆的程度也不一样，这就是为什么同一块地板上两边的颜色会出现深浅不同、纹理不一致的原因。

总体来说，花纹大而粗的木种色差较大，纹理小且细腻的木种色差较小。纹理大而粗的地板铺装整体感觉粗犷、自然，具有野性之美；纹理小且细腻的地板清爽、干净。没有绝对的好与坏，应根据居室的风格决定。

相对而言，目前市面上色差较大的木种有：格木、二翅豆、钎皮玉蕊、干巴豆、重蚁木、橡木等。

色差较小的木种有：冰片香、富贵木、蒲桃木、铁线子、黑心木莲、铁木、蒜果木等。其他木种介于以上之间。

实木地板变形原因

实木地板经常出现的问题是呈瓦片状或起拱，这是地板受潮所致。地板受潮的原因大致有以下几种。

①空气中的水分（例如黄梅天）；
②地坪没干透，用水泥加固龙骨；
③龙骨、毛地板太湿；
④使用水性胶水；
⑤一楼等潮湿环境未作特别的防潮处理；
⑥石质地面和地板相接处的断面未作封闭处理；
⑦水泡（如水管破裂、阳台水倒灌等）。

此外，产品本身及施工不当也会造成起拱。例如，干燥处理不当、养生不足、含水率太低、背槽太浅、施工中伸缩缝未留足、铺设太紧等。

如何选择实木复合地板

实木复合地板既有实木地板美观自然、脚感舒适、保温性能好的长处，又克服了实木地板因单体收缩，容易起翘、裂缝的不足。如今为了生存环境不再恶化，世界各国普遍重视森林资源保护问题，实木复合地板与实木地板相比能够节省稀有木材资源。此外，实木复合地板安装简便，一般情况下不用打龙骨，但是要求地面找平。实木复合地板可分为三层实木复合地板、多层实木复合地板、细木工复合地板三大类，在居室装修中多使用三层实木复合地板。

三层结构实木复合地板（图85）由三层实木交错层压形成，表层由优质硬木规格板条镶嵌拼成，常用树种为水曲柳、桦木、山毛榉、柞木、枫木、樱桃木等。中间为软木板条，底层为旋切单板，排列呈纵横交错状。这样的结构组成使三层实木复合地板既有普通实木地板的优点，又有效地调整了木材之间的内应力，改进了木材随季节干湿度变化大的缺点。可以做地热地板。缺点是硬度不如复合地板，脚感不如实木地板。

图85

如何选择竹地板

竹板拼接采用胶黏剂，施以高温高压而成。视制作工艺而言分为碳化的、未碳化的、平压的和侧压的。制作的工艺直接影响到竹地板后期的使用。本色地板色泽金黄，通体透亮；碳化竹地板是古铜色或褐色，颜色均匀而有光泽。竹地板的优点是稳定性特好，开裂变形率小于木地板，在国际市场上是地板中的宠儿。竹地板在制作过程中经历了高温蒸煮、碳化（175℃，高大气压）干燥、热压、紫外线烤漆等各种高温环节，只需工艺做足，它可用作地热地板。由于竹子是速生材，从环保的角度来讲可以当做木材的替代品，在日本和欧洲，受到人们的欢迎。但也容易发霉，比较硬滑，冬季有些凉，大部分是高光漆，如果工艺不合格会有开裂的现象。正宗楠竹较其他竹类纤维坚硬密实，使用效果较好。

在地板选择时，要注意地板与家具的搭配以及和室内装饰风格的谐调。

地面颜色要衬托家具的颜色并以沉稳柔和为主调，要选择比较中性的颜色。浅色家具可与深浅颜色的地板任意组合，但深色家具与深色地板的搭配则要格外小心，以免产生压抑的感觉。居室的采光条件也限制了地板颜色的选择范围。

家庭装修中，对色彩的选择要遵循"整体协调，局部对比"的原则，根据个人的经济条件、审美情趣，多作市场调查，多比较，不要轻信推

比较常见的地板色调搭配

　　①白色地板给人宁静的感觉，也不会造成墙壁颜色重、地板颜色轻的"头重脚轻"。材质和油漆比较难控制。

　　②松木材质地板直接刷清漆后呈现的颜色略带黄色调，这样就能营造出一个很温暖的氛围。

　　③红茶色地板本身颜色就给人以强烈的感觉，如果选择带有柔和的象牙色，与红茶色地板就会形成统一感。

　　④深茶色地板和白色墙壁欧式装修相配就比较大气沉稳。

销人员的保证，一定要看整包地板的效果。而且要到有信誉的专卖店、建材超市去选购，这样也有退换货后期配套服务的保证。

二十六、如何选定石材

　　随着家庭装修档次的提高，很多家庭装修时都需要用石材装饰台面、地面，做窗台、门槛。一般来说，需要几个品种、上千元的工程额，是一个关系到整个室内空间的装修档次、环保质量、使用功能的重要环节，也是最有技术性的施工环节。

　　从使用功能上讲，窗台的大理石台面（图86）用得最普遍。原来很多橱柜也用天然大理石或花岗岩，后来因为人造石没有接缝和放射性，且不易破碎，现在橱柜的台面基本上都是用复合亚克力和水晶石的了。窗台的大理石基本上都是用浅色的大理石，如金线米黄、大花白、雪花白等，价格中等，整体效果好，因为是石灰岩成分，基本上没有发射性。缺点是如果飘窗比较长，带转角，大理石就要拼接，因此安装的时候就要很当心。

　　卫生间的台盆台面（图87）、浴缸台面基本上是需要用大理石，各种颜色的都有，黑的、白的、黄的，可以依据个人喜爱，但最好不要用红色和绿色的花岗岩，这些深色的花岗岩都有放射性。

　　客厅的电视柜台面（图88）、壁炉、装饰台面一般用高档的黑金沙、大花绿、印度红等和室内装饰风格相协调，是高档的装饰材料，如果应用得当，会有满屋生辉的效果，受到一定阶层人士的欣赏。

　　天然石材（图89）因其高贵典雅、美丽自然的花纹，在装饰工程中具有极好的装饰性。但一些人受利益驱使，利用一些低质石材，通过物理或化学的方法进行人工着色，手段繁多，足有几十种，一般人是很难辨别的。

图 86

图 87

图 88

图 89

染色石材的特征

①染色石材颜色艳丽，但不自然，没有色差，在板材的切口处可明显看到有染色渗透的层次，表面着色深，中间浅。

②染色石材采用石质松散、孔隙大、吸水率高的国产石材，敲敲声音就可辨别。

③染色石材的光泽度一般都低于天然石材，表面涂机油以增加光泽度的石材其背面有油渍感。那些涂膜和涂蜡的产品是能用肉眼辨别出来的。

装修档次高的工程一般都是用进口石材，花色及材质都比较好，如印度红、南非红、大花白、大花绿及黑金沙等；进口石材的加工设备和加工水平比国内高，其质量相对比较高；每平方米的价格在 600~800 元之间，少数品种的价格高于 800 元。国产深色石材主要包括：四川、新疆和山东产的红色系列石材，内蒙古、山西和河北等地产的黑色及绿色系列石材；由于它们的硬度高，开采及加工难度大，成本相对高；每平方米的价格在 200～400 元之间，少数品种如山西产的夜玫瑰石板材每平方米价格在 1000 元左右。

国产素色石材主要包括福建、山东、广东、广西、湖北等地产的素色石板材。这些地区是我国石材加工的发源地，加工石材能力强，水平高，石材开采相对容易，成本比较低。每平方米的价格在 200 元以内，部分石材的价格在 100 元以内，家庭用的部分薄板（厚度在 10mm 以内）的价格在 70 元以内。

配石材是要有一定的施工经验的，每个家庭的实际尺寸都是不同的，用途也不同，光是门槛的做法就有很多种，要解决地面的高低差，就要用不同的磨边形状，还要和门套吻合，由于施工的顺序和衔接问题，所以在开工前期就要把这个工作做好。由于天然大理石有色差和施工精度的问题，很容易出现纠纷，所以很多的装修公司就把这块硬骨头推给了业主，让他们自己去询价、砍价、量尺寸、运输、安装，非常费事，经常会出现麻烦事，可以说大理石配置的水平，在某种意义上也是施工水平的体现。

石材选择方法

在确定装修方案时，要合理选用石材。最好不要在居室内大面积使用一种建筑材料。到石材市场选购石材时，要向经销商索要产品放射性合格证，根据石材的放射等级进行选择。要注意掌握一些选择的方法和标准。比如，正常情况下石材的放射性可从颜色来看，其放射性从高到低依次为红色、绿色、肉红色、灰白色、白色和黑色；再比如，花岗岩的放射性一般都高于大理石。根据室内装饰装修的不同要求，合理选用花岗岩和大理石。大理石花纹美观，但是质地比较软，一般用作各种台面，用作地面材料的大多是花岗岩，比较耐磨，但要注意放射性。最科学有效的方法是请专家用先进仪器进行石材的放射性检测，合理和安全地使用石材。

二十七、如何挑选五金件

装修公司在签订合同的时候往往都注明家具五金和导轨移门是甲方采购，而到底要买什么式样、规格、品牌的五金件，往往由包工头说了算。而且业主往往稀里糊涂，让包工头代购或者推荐，而实际上这些小东西才是利润最丰厚的一块，装饰城中的商家每个人都有一批包工头做他们的托，对半赚的都有。所以业主一定要多花些时间调查，否则花了钱却买了劣质商品回来。买了劣质商品导致门开启不灵、下坠，装修公司还不负责任，只有自己认倒霉。

五金件按使用功能分为普通五金类和特殊五金类。普通五金类按设置方式分为合叶滑轨类、装饰拉手类、装饰锁具类。特殊五金类按设置方式分为浴室五金类和厨挂件类。

先挑选锁具，要和门的造型、颜色相匹配，一个高档的锁具要几百元，而且不同房间的门锁要有不同的造型、不同的功能，一定要多跑几家。一般来说，买锁宜挑选灵活性能好的，选购时用钥匙插拔几次看顺不顺畅，开关拧起来是否省劲。用手感比较锁的重量，越重的说明锁芯使用材料越厚实，耐磨损；反之，则材料单薄，易损坏。然后看锁具的表面光洁度，是否细腻光滑、无斑点。反复启开，看锁芯弹簧的灵敏程度。

随着球形锁的逐步消退，集开关、装饰和把手三合一功能的执手锁（图90）成为家居装饰中的时尚锁具。执手锁按材料可分为太空铝、不锈钢、铜压铸、锌合金几种。太空铝、不锈钢材料先进，经过表面工艺处理，光泽亮丽，手感柔和，虽经汗液、潮气的腐蚀却不易退色和生锈。铜压铸执手锁较为厚实，价格适中，而部分质量低劣的锌合金执手锁使用时较易折断。由于锌合金执手锁表面镀铜，选购时与铜压铸执手锁不易区别，可用挫刀在两种执手锁底板反面处锉一下，泛黄铜色的为铜压铸执手

图90

锁，泛银白色的则为锌合金执手锁。

家具的拉手对家具的外观来说有着很强的审美作用。这是因为家具拉手的选择与家具的造型、颜色和部位有着重要关系。因此，选择家具拉手十分重要。其实造型没有必要太怪异，要讲究对比、衬托美。各种家具的拉手要注意统一，最好是一个系列、一种风格。

装修卫生间时，有特色的卫浴配件常常使浴室增色。如今的卫浴配件大多为七件套，即镜子、牙刷杯、肥皂台、毛巾杆、浴巾架、卷筒纸架、衣钩等。

在选购卫浴配件时应掌握四大要素

一看配套，要与自己配置的卫浴三件套（浴缸、马桶、台盆）的立体格调相配套，也要与水龙头的造型及其表面镀层处理相吻合。卫浴配件用品的框架表面镀层，如今除少数采用镀塑外，大多采用抛光铜处理，更多的是采用镀铬处理。

二看材质，卫浴配件用品既有铜质的镀塑产品，也有铜质的抛光铜产品，更多的是镀铬产品，其中以钛合金产品最为高档，再依次为铜铬产品、不锈钢镀铬产品、铝合金镀铬产品、铁质镀铬产品。

三看镀层，在镀铬产品中，普通产品镀层为 $20\mu m$ 厚，时间长了，里面的材质易受空气氧化，而做工讲究的铜质镀铬镀层为 $28\mu m$ 厚，其结构紧密，镀层均匀，使用效果好。

四看实用，进口产品多为钛合金或铜质镀铬，"色面"挺括，精致耐看，但价格较贵。如今一些合资品牌或国产品牌的铜镀铬价格相对实惠，而不锈钢镀铬产品价格相对较低。

购买不锈钢水槽（图91）也是一项比较重要的选择，因为前期厨房设计的时候就需要尺寸，所以事先要看好式样、品牌和价位。我一般都会推荐业主购买品牌产品中的搞活动的特

图 91

价套餐。如果把龙头五金等项合在一起，还是合算的。现在生产水槽不锈钢制品的厂家很多，品牌也很多，从制作的材质上讲，不锈钢制品越用越光亮，其强度好、耐腐蚀性强、颜色不变。真正的不锈钢摸起来很凉，颜色泛白。不锈钢还有 304 和 302 之分，304 是真正的不锈钢，302 就是我们所说的不锈铁。鉴别的方法很简单，只要带块吸铁石去，能吸住的就是不锈铁，我敢肯定像摩恩这样的国际品牌产品，是不会用 302 这样的不锈铁制品糊弄消费者的，我那么多的客户都没有出现进口水槽生锈的问题。摩恩、弗兰卡、欧琳水槽都是不错的选择，天天用的东西，多花些钱也值，图的就是手感。

移门的轨道滑轮（图 92）也是一个重要的五金件，直接关系到移门的开启灵活程度和使用质量与寿命。高质量的滑动门五金产品主要体现在其滑轮系统的设计和制造水平上以及与之配套的轨道设计。用于制造滑轮所使用的轴承必须为多层复合结构轴承，最外层为高强度耐磨尼龙衬套，并且尼龙表面必须非常光滑，不能有棱状凸起；内层滚珠托架也是高强度尼龙结构，减少了摩擦，增强了轴承的润滑性能；承受力的构层均为钢结

图 92

构，此设计能有效减少滑轮滑动过程中的噪音，并能使滑轮无须打理，享受轻爽润滑至少十几年。与滑轮相配套的轨道对于滑动门的使用也是至关重要的，滑动门用的轨道一般有冷轧钢轨道和铝合金轨道两种。消费者一般可能认为钢轨比铝合金轨道结实耐用，轨道的壁厚越厚越好，其实并不尽然。高质量的滑动门五金体现在轨道与滑轮的完美结合，而不是单纯的某个部分。轨道必须具有与滑轮配合完美的弧度，其次才是材料的问题。一般来说，进口的材料优于国产的材料。不应片面地认为钢轨一定比铝合金轨道好，好的轨道决定于轨道的强度设计和轨道内与滑轮接触面的光洁度。好的铝合金轨道在抗噪音方面优于钢轨，进口的轨道采用镁铝钛合金，其强度和抗噪音性能都优于钢轨。另外，消费者不应被产品的包装或铝合金表面的镀层所迷惑，不合理的镀层只能破坏轨道的表面光洁度，不要认为轨道表面镀层颜色越深越好，很可能适得其反。

铰链（图93）一般有两点卡位和三点卡位，三点卡位的铰链当然更好一些。而制作铰链的钢材才是最重要的，如果选不好，一段时间之后，门板就可能前仰后合，溜肩掉角。大品牌的五金件几乎都使用冷轧钢，其厚度和韧度都很完美。另外，应尽量选择多点定位的铰链。所谓多点定位，就是指门板在开启的时候可以停留在

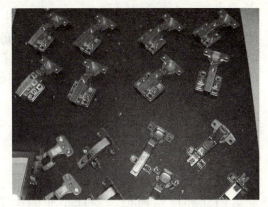

图93

任何一个角度，打开不会费力，也不会猛然关闭，从而保证了使用的安全，这一点对于上掀式的吊柜门尤为重要。

门和家具的合叶也是很重要的。

①顶固的铜合叶：表面封闭处理，经过高温加工而成，所有合页采用进口精密轴承，20万次无损坏。

②不锈钢合叶：采用304不锈钢材料、进口精密轴承，配A3芯、不锈钢螺丝；合叶通过承重50kg开合20万次物理实验无损坏；自升合叶拆卸方便；采用轴向间隙0.1～0.5mm。这些参数都是质量的保证。

一般导轨分为三折滚珠滑轨和抽屉轨（图94），各种规格都有。事先要量好长度，统计好数量，一次性购买。

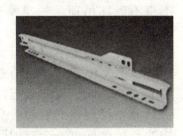

图94

①三折滚珠滑轨：有白色、黑色两种，采用1.2mm厚冷轧钢板经电镀锌层处理表面光亮，防锈力强；平滑无噪音，抽屉可全露出，并附有防止抽屉意外脱落的装置，同时抽屉可拆卸。

②抽屉轨：表面采用静电喷粉处理，颜色有白色及银灰色，硬度可达到3H以上；自走消声滑轨，因有特别设计，当抽屉滑轨推至60mm时可自行关闭；滚轴采用高级耐磨工程PU塑料，滑动顺畅无噪音。

家具烟斗铰链（图95）的用量很大，规格繁多：类型分为大弯、中弯、直弯，应用

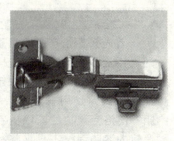

图95

于不同的门踢结构，有些木匠也叫全扑、半扑门铰链，内陷的铰链开启的角度更大。好的铰链要通过几万次的物理开合试验及 24 小时盐雾测试，表面耐磨耐腐蚀，经久不变色；有自卸装置。而很多乡镇企业生产的五金铰链，外观很像，而实际上使用的效果和质量就相差很多。

不锈钢挂件、拉篮（图 96）主要分布在厨房和卫生间。厨房中应用较广的有不锈钢拉篮、多层置物架、调味架等。此类拉篮、框架采用钢丝或铁丝经焊接后电镀而成。主要生产企业为浙江和广东两地。浙江企业的生产原料以不锈钢为基材，钢丝较细，电镀表面不够平滑。广东企业的基材多铁丝，较粗，但焊接电镀工艺较先进，价格高些。客户可以自由挑选。

图 96

卫生间的各类毛巾架、洗涤置物架以铜管焊接镀铬制成，选择时管壁 1.0～1.2mm 的厚度为宜。由于卫生间较为潮湿，挑选时应注意架子的平整光泽，焊接点应牢固光滑。

阳台的晒衣架也在五金之列，装修前就要看好安装的位置。有的装修公司只用石膏木龙骨吊顶，不考虑晒衣架的安装位置，到时候安装时不得不破坏吊顶。一定要直接安装在楼板上，绞轮安装在合适的位置，才能避免上述麻烦。

面对市场上琳琅满目的五金件产品，仅仅从外观和功能上很难分辨高下。不要说是对普通消费者，就是我这个从业多年的行家也经常有吃亏上当的时候，买的永远没有卖的精。五金产品的好坏，材质占了很大一部分。我现在一般都看品牌，因为五金行业已经很成熟了。那些小作坊的产品永远也不会有国际品牌的内在质量，只有低廉的价格优势。也

选择五金配件的技巧

首先要掂量产品的重量。相同规格的产品，如地漏、锁具，沉甸甸的用的材料就多，当然价格就高，质量也好。

然后看细节，细节决定品质，要关注五金产品的细节。如，柜门铰链的复位弹簧，是用普通润滑脂还是硅油？房门合叶的轴承有没有用含钼润滑脂？巴洛克风格的门锁执手，除了表面外，涡线内圈是不是也打磨过？抽屉滑轨的漆膜面是不是平整？

不要轻易相信各种"德国品牌"、"意大利品牌"、"美国品牌",很多没有历史的新牌子,都属于挂靠产品。

从这些细处可以看出产品是否优良,从而确认家居用品的品质是否出众,会买东西的和不会买东西的,会砍价的和不会砍价的相差很多。不过,我发现网络是个好东东,我在慧聪网和五金网上看到的同样产品价格比市场价还低,搞家庭装修工程的物流配送发展空间很大,买五金件太繁琐了,每次工程到最后都是我亲自到装饰城配五金、量尺寸、砍价格,退换货太麻烦了。如果在网上看好货,下订单,上门服务,统一结算,电子商务普及到我们家装领域,我们就能轻松搞家装了。

二十八、如何挑选墙纸

选购墙纸不是件轻松的事情,由于可选择的品种太多,而材质价格又相差太大,一本本挑下来,眼睛都看花了,也不一定能找到自己一见钟情,而且价格合适、材质优良的品种。

墙纸都是样本,往往和实际效果相差很大,而且有些图案看样的时候好看,贴到墙上就俗不可耐了。所以一定要慎重,听听专业人员的建议,千万不要被销售小姐忽悠,好坏墙纸的价格往往相差一倍。不要因为冲动买了太花、太艳的墙纸,贴上去才后悔。

选择壁纸色彩很有讲究,壁纸的颜色和图案直接影响房间的空间氛围,也可以影响人的情绪。壁纸的颜色分

选择壁纸的原则

①暗色及明快的颜色适宜用在餐厅和客厅;
②冷色及亮度较低的颜色适宜用在卧室及书房;
③面积小或光线暗的房间,宜选择图案较小的壁纸。

为冷色和暖色,暖色以红黄、橘黄为主,冷色以蓝、绿、灰为主。壁纸的色调如果能与家具、窗帘、地毯、灯光相匹配,居室环境则会显得和谐统一。由于卧房、客厅、饭厅各自的用途不一样,最好选择不同的墙纸,以达到与家具和谐的效果。

我一般会向客户推荐一些中性朦胧色彩的墙纸(图97),细小规律的图案

图97

增添居室秩序感，最好不选择对花，这种材料比较浪费，而且卧室不宜太花。驼色系的墙纸可以配任何风格的家具，而且比较大气、温馨。儿童房的墙纸就要明亮些、活泼些，但也不要太复杂。有的墙纸设计把墙面当壁画，用腰线分成三块，工人难贴，而且墙面太漂亮了孩子也不安心学习。另外，男孩子用蓝色系，女孩子用粉色系，万无一失。

现在很多设计师喜欢用墙纸作背景墙的装饰，据我所知，这些特殊的艺术墙纸往往给设计师很高的回扣，业主就要为这些特殊的艺术品买单。另外，注意电视背景墙往往有很多的插座、管线，面积不大，很多地方无法接口，用了墙纸后很快就会出现开裂、毛边的现象。

在购买墙纸的时候首先要把用量算好，墙纸一般都是 10m 一卷，如果把一卷裁成四幅用量最省，这就是说贴墙纸的高度在 2.4m 最合适。而设计师往往就不考虑这一点，如果是铺复合地板，加上贴脚线高度也不够，最好用石膏阴角线过渡，既解决了高度问题，又解决了墙纸接口的问题，而且和欧式墙纸装饰风格接近。这样的设计技巧，不是每一个设计师都能掌握的，要有丰富的施工经验。

购买墙纸前最好自己算一下需要量，然后再算卷数，留些余量，但不要浪费。因为墙纸都是长途托运过来的，哪个供货商也不会囤积太多的货，墙纸很容易过时，所以在计算时，一定要尽量精确。

壁纸的计算

壁纸用量的估算量（卷）＝房间周长×房间高度×（100＋K）%（K 为壁纸的损耗率，一般为 3～10）。

这是理论公式，在实际中要看是否拼花，房间内窗户门梁柱的情况，要具体对待。

还有一种是周长的算法：环绕整个房间测量出它的总长度，包括落地窗与嵌入式的壁橱，计算时一般的门窗面积必须包括在内，这个值便是房间的周长。

提醒

由于墙纸价格并不便宜，而且用量大，占装修的比重比较大，如何选择墙纸、购买多少才合适，这些问题必须在选择之前就要考虑清楚，这样才不致后悔。

另外，选购时要注意，确定你所买的每一卷壁纸都是同一批货，壁纸每卷或每箱上应注明生产厂名、商标、产品名称、规格尺寸、等级、生产日期、批号、可拭性或可洗性符号等。如果出现色差，将是件很遗憾的事情。

二十九、如何挑选窗帘布艺

布艺在现代家庭中越来越受到人们的喜爱，它柔化了室内空间生硬的线条，赋予居室一种温馨的格调和生命力。风格或清新自然，或典雅华丽，或浪漫情调，是室内设计的重要组成部分，也是主人的个性所在以及生活品位的体现，属于艺术装饰的范畴。布艺装饰包括窗帘、枕套、床罩、椅垫、靠垫、沙发套、台布、壁布等。其中，窗帘要花费几千元，因此是布艺中比较重要的部分。

大部分房间使用的平帘（图 98），是窗帘制作中最简单的一种，就是在布上面缝上挂窗帘钩的白布条，把挂钩挂在普通导轨上就可以使用了。这种窗帘价钱最低，主要靠花色图案来吸引眼球，花色没选好就显得比较呆板。这种窗帘容易拉动而且噪声小，安装时要注意导轨和滑轮

图 98

的质量。如果是用艺术导轨加平帘，空间的效果就会比较浪漫，更显艺术。比如罗马杆，本身就是种装饰，加上两头的装饰纹样，看上去就很舒服。但如果是宽度超过 4.5m 的窗帘就不要选择艺术导轨，因为不论窗帘多宽它只能有三个支点，支点之间的距离太大，挂上窗帘后很容易变形。与此类似，窗子的宽度已经是一整面墙的不适合装艺术导轨，因为艺术导轨两端有装饰头，窗帘是挂不到边上去的，左右各有 10~15cm 的露杆。窗子的上边沿到顶的距离不能小于 10cm，因为支撑杆的座子厚度就有 8cm。这些因素在设计的时候一定要考虑周全，否则安装的时候就要出错。

买窗帘也是件跑断腿的事情。一般大的装饰城展示的样品都是最前沿、最时尚的，也是最贵、利润最高的。尤其是一些高档专卖店，都是

用进口面料，非常赏心悦目，因此会对顾客狠狠地宰上一刀。实际上，中国很多的装饰面料都是出口的，也是和国际接轨的，不要太迷信进口的东西，可以说这些进口的面料没有几个商家是能拿得出报关单的。就是拿出了也不是这个品种规格的，不要被他们忽悠。

裁剪是根据布料的特点来设计的，车工线也非常密实。可以说现在做窗帘已经不仅仅是缝个布边的概念，有很多的造型、很多的色彩搭配、很多的配饰，也有很多的辅材。这就出现了一个怪现象，如果你问到的窗帘布价格是 50 元 /m，但不在他们那里订做，而是单买布料，店主马上就会拉下脸来，不卖，要不然加 20% 的钱。这就说明辅材里面的名堂最多，吊钩、花边、窗幔、导轨和拉绳哪个里面都有猫腻，都有质量的好坏，就是我们业内人士也很难分辨。唯一的方法就是多比较，利用他们商家的竞争拼命压价。最后还要看服务，如果上门安装的人是个粗胚子，你再高档的窗帘也出不来效果，我就吃过这方面的亏，返工了几次才完成，所以安装的质量也是很重要的。

要选择消费者满意或售后服务信得过的家居市场。要货比三家，对同一款式、同一品牌的商品要从质量、价格、服务等方面综合考虑。

选择布艺饰品主要是色彩、质地、图案的选择。进行色彩的选择时，要结合家具的色彩确定一个主色调，使居室整体的色彩、美感协调一致。在面料质地的选择上，也要与布饰品的功能相统一。比如，装饰客厅可以选择华丽优美的面料，装饰卧室就要选择流畅柔和的面料，装饰卫生间、厨房可以选择容易清洁的遮光折帘或百叶帘。对于像窗帘、帷幔、壁挂等悬挂的布饰，其面积的大小、纵横尺寸、色彩、图案、款式等要与居室的空间、立面尺度相匹配，在视觉上也要取得平衡感。如较大的窗户应以宽出窗洞、长度接近地面或落地的窗帘来装饰；小空间内要配以图案细小的布料。只有大空间才能选择大型图案的布饰，这样视觉才平衡。床上布艺一定要选择纯棉质地的布料，款式不要太复杂，花形也不要太大，否则就太乱了。铺陈的布饰如地毯、台布、床罩等应与室内地面、家具的尺寸相协调。这些装饰品如果应用得当，就会起到画龙点睛的效果，如果太俗，整体效果就被破坏了。

提醒

其实很多的装饰布艺是可以自己动手做的，这样就增加了很多的生活情趣。很多配件都是可以买到的，如果你心灵手巧，又有充足的时间，不妨自己装扮自己的新家，趣味无穷还省钱。

三十、如何选购家具

家具（图99）的选择是室内设计的重要组成部分，约占总投资的十分之一。很多人都选择装修完了再选购家具，一是因为装修期间预算难控制，二是因为不知道最终的效果，该如何配家具。在很大程度上，往往依赖于设计师的推荐，受流行风尚左右。

现在有种"自然简单，舒适实用"的家具设计风格受到人们的追捧。以往，人们选择家具多追求豪

图99

华风格，选择体型庞大、造型夸张、线条复杂的家具，以往结婚的时候家具一定要有72条腿，家具越多越好。但随着人们审美观念的改变，自然风格的产品渐渐唱起了主角。市面上虽有部分豪华的欧式、美式家具，但由于价格昂贵，市场占有并不大，而太简单前卫的款式亦未被大多数人接受。针对新的消费需求，不少有知名度的家具品牌都走起了中间路线——以简约时尚的意大利风格为基础，再加入一些本地的设计元素，加强了实用性，使产品符合消费者的口味。

家具的分类

按原料划分：凡木质的通称为木家具；主体是金属的通称为金属家具（包括铝合金家具等）；凡塑料制成的通称为塑料家具；竹藤制成的通称竹藤家具。

按用途划分：分为民用家具，宾馆、饭店家具，办公家具等。

按用料细分：实木（全木）家具、人造板家具（也称板式家具）、弯曲木家具、软体家具、金属家具、聚氨酯发泡家具、玻璃钢家具等。

一般的家庭都会选择比较实用美观的中档家具，以欧式简约型、港台豪华型、中式庄重型为主流，其中实木家具最受欢迎，当然价格也不菲。

我一般都推荐我的客户在装修之前就把家具定好，这是因为我要根据家具的尺寸确认室内电路图和总体设计方案，有了家具的风格，室内设计的风格才能与其搭配，最终的效果才能协调。

选择家具的注意事项

①注重第一印象，个人品位和时尚相结合。

现在家具城，家居店太多了，一圈逛下来就要花很多的时间，如果一家一家地对比，很多双休日就耗费了。因此，应该首先确认自己喜欢哪种风格，属于哪种消费层次，然后再进行针对性的选择。

如果你是工作繁忙的上班族，回家就要享受简约的风格，家具也要从简；如果你是比较怀旧的知识分子阶层，就要买比较沉稳、材质较好的传统家具，加上现代家具的设计元素，一样能营造出书香味来；如果你是有实力的商务人士，那么就要通过这些高档家具体现你的身份和品位，意大利家具、美式橡木家具都是不错的选择。

②全盘综合考虑，与室内的背景协调。

家具的颜色取决于室内设计的主题色调。如果是欧式简约型的白门白窗、彩色墙，家具就应该选择一些比较中性色的、木纹肌理比较清晰的板式家具，尺度不要大，把空间留给人活动，获得视觉上的享受和美的熏陶。

如果是中式装修，就要选择古色古香的中式家具。红木家具色泽庄重，纹理精细美丽，木质坚硬沉重，耐湿性较好，坚固耐用，历来为人们所喜爱。购买红木家具时首先要了解红木家具的质地。硬木家具不等于红木家具，紫檀、红木所做的家具为正宗的红木家具。真正的红木家具本身就带有紫红色、黄红色、赤红色和深红色等多种自然红色，木纹质朴美观、优雅清新。制作家具后，虽然上了色，但木纹仍然清晰可辨；而仿制品油漆后一般颜色厚实，常有白色泛出，无纹理可寻。真的红木家具坚固结实、质地紧密，比一般杂木还要重；相同造型和尺寸的假红木家具，掂掂重量就知道真伪了。

我一般在向客户推介红木家具的时候，往往很注意红木家具的式样，不要太老气，而要融进现代元素。老的八仙桌、太师椅正襟危坐并不舒适。有的桌面、椅面上，还镶嵌着云南大理石、云石及螺甸壳等装饰辅料，更能体现红木家具的传统风格。各个地域的人对红木家具的风格需求不同，京派工精料实，粤风粗壮雄浑，苏味精雕细作，各有千秋。

我最喜欢帮客户挑选儿童房家具（图100），鲜艳的色彩、独特个性化的造型、变化多端的功能，儿童房的家具最能体现家具的整体设计水平。一般选择儿童房家具首先要从环保的角度选择中高档价位的家具，采用 UV 喷漆工艺是非常环保的，这样可以让孩子从小就能够生活在健康、自然的环境中。其次要考虑安全、流畅、方便与可持续发展。有很多空间可以放玩具和杂物，给孩子营造一个安静、有趣、独立的空间，让他们健康发展，好好学习，天天向上。

选择沙发（图 101）也是个重头戏，沙发在客厅里的体量很大，直接影响到室内整体设计风格。沙发一般分为三类：①皮沙发；②布艺沙发；③曲木沙发。其中布艺沙发最普遍，舒适美观、造型时尚、价格适中。选购沙发时要根据房间的大小、环境的整体布局和自己的经济条件来决定。最好在现场放大样，看看多大尺寸的沙发合适，是否稳定，走廊是否流畅，以及是否有利于家庭成员之间的情感交流。

图 100

图 101

沙发造型应美观大方，皮革要柔软；面料色泽和木质扶手等部件的油漆色泽应与室内环境相协调。功能尺寸应合理，座前宽应大于或等于 480mm，座高 360～420mm，扶手高 250mm。沙发的框架应为榫眼结构，不能用钉子连接；结构要牢固，不能有任何松动，否则将严重影响沙发的使用寿命。

一般检验沙发时用徒手重压沙发，应无明显凹陷，不能有弹簧间的摩擦和撞击声，沙发座垫或靠背泡沫塑料密度应达到 $20～25kg/m^3$，手感不能太松软。

沙发的面料要整洁无破损，拼接图案要完整，无明显色差。嵌线应圆滑平直，泡钉间距应基本相等和整齐。沙发外露木制部件的漆膜要光滑，色泽均匀。

多层板曲木沙发要检查是否有开胶缺陷。还要确定厂家有没有完善的售后服务，因为家具不是一次性消费商品，它将相当长一段时间内伴随你，一定要有质量保证书。

需要注意的是，家具的污染性最大，很多的家庭装修完检测环保指数是合格的，家具搬进去，甲醛含量就大大超标。这是因为家具大部分都是板材制作的，很多厂家由于利益的驱动，很多的家具部件都不经过严格的封边处理，无法限制人造板中的有害物质释放，就算主材是合格的，背板也往往以次充好，所以广州就出台了家具出厂要有环保检测的硬性规定，消费者一定要特别注意。

在购买家具时首先要了解厂家实力，有无质量认证书。很容易砍价的家具要留心眼。要打开橱门闻闻有没有刺激性气味，家具采用的板材中含有很多的游离性甲醛，如果你觉得眼睛睁不开，味道呛鼻，就千万不要买，送给你都不能要。这个行业要有诚信还有一段发展路程。最好选择品牌的家具，品牌家具能保证设计方面内在的连续性，保持着业界的领先性；有相当的文化内涵，因此就有特征；具有高品质的控制，质量方面有保障；具有良好的空间展示效果。如果经济条件允许，请购买好家具。

三十一、如何选购电工电料

电工电料（图 102）是家装工程前期必购的主要材料，也是和家装公司谈判时必须约定的装修材料。

《南方都市报》一篇文章报道，广州市工商局对市场上电线电缆商品进行了质量检测。共抽取电线电缆 209 批次，主要检测了"导体电阻"、"绝缘老化前抗张强度"、"护套老化前抗张强度"、"成品电缆耐压试验"、"绝缘线芯耐压试验"、"标志"、"外观" 7 个安全类项目，其中质量合格 61 批次，剔除纯标志不合格之后，内在质

图 102

量合格的共 76 批次，批次合格率仅为 36％。都是由于低价劣质铜材制造，电阻过大，在使用过程中发热量巨大，极易导致火灾的发生。不合格产品由于耐压性能不良，在使用中容易出现短路、漏电等现象，绝缘和护套抗张强度不符合标准要求。说明产品绝缘层的机械强度不够，容易破损漏电，使用中也会较快老化而产生危险。

由于这几年铜材涨价的幅度很大，一些生产厂家竟敢用低廉价格的铁片、铁丝等材料替代铜材。实际上只有用黄铜镀镍才能做插头插销，如果用铁片代替铜片，由于所用材料导电率与铜相差甚远，而且铁易生锈，将会使插头插合时与插座接触电阻增大，通电加载时将导致过热，引发内部跳火、面板烧焦，从而降低产品使用寿命，严重时还极易引发火灾。另外，过热还会使绝缘材料的绝缘性能受损，甚至丧失，从而引发漏电事故，导致人身触电伤害。这样人命关天、触目惊心的事，经常发生在我们身边，所以非常有必要了解一下电工电料的基本知识。

装修离不开电线，电线虽小“责任”重大。家庭用电源线宜采用 BVV2×2.5 和 BVV2×1.5 型号的电线。BVV 是国家标准代号，为铜质护套线。BVV2×2.5 和 BVV2×1.5，分别代表 2 芯 2.5mm² 和 2 芯 1.5mm²。一般情况下，BVV2×2.5 做主线、干线，BVV2×1.5 做单个电器支线、开关线。单向空调专线用 BVV2×4，另配专用地线。国家已明令在新建住宅中应使用铜导线。

正规的电线绝缘层上应该印有厂家、电压值、横截面积平方数、国家强制性认证的 3C 认证编号等标记，优等品紫铜颜色光亮、色泽柔和、铜芯黄中偏红,表明所用的铜材质量较好，而黄中发白则是低质铜材的反映。可取一根电线头用手反复弯曲，凡是手感柔软、抗疲劳强度好、塑料或橡胶手感弹性大且电线绝缘体上无龟裂的就是优等品。电线外层塑料皮应色泽鲜亮、质地细密，用打火机点燃应无明火。截取一段绝缘层，看其线芯是否位于绝缘层的正中。不居中的是由于工艺不高而造成的偏芯现象， 如标明截面为 2.5mm² 的线，实则仅有 2mm²。这些都要仔细辨别。

应该到正规厂家选购，开具发票时，消费者要求商家写清电线的规格型号，以确保发生意外维权时有据可依，而不要相信厂标线。但同样是铜导线，也有劣质的铜导线，其铜芯选用再生铜，含有许多杂质，有的劣质铜导线导电性能甚至不如铁丝，极易引发电气事故。单就家庭装修中常用的 2.5mm² 和 4mm² 两种铜芯线的价格而言，同样规格的一盘线，因为厂家不同，价格可相差 20％~30％。至于质量优劣，长度是否达标，消费者更是难以判定。所以买电线一定要到建材超市和专卖店等有信誉的地方买，如果是让装修公司提供，也要质量保证书，让包工头买就要一起去看清楚，而且不能让他们掉包。家装安全第一。

购买电线注意事项

①看成卷的电线包装牌上有无中国电工产品认证委员会的"长城标志"和生产许可证号。

②看有无质量体系认证书。

③看合格证是否规范。

④看有无厂名、厂址、检验章、生产日期。

⑤看电线上是否印有商标、规格、电压等。

⑥还要看电线铜芯的横断面，在使用时如果功率小还能相安无事，一旦用电量大，较薄一面很可能会被电流击穿。

⑦一定要看其长度与线芯粗细有没有做手脚。在相关标准中规定，电线长度的误差不能超过 5%，截面线径不能超过 0.02%，但市场上存在着大量在长度上短斤少两、在截面上弄虚作假（粗）的现象。

另外，买弱电线也要睁大眼。网络线要买好的（秋叶原）；电视线要买四屏蔽的，广电局许可的；电话线也要是质量好的，可以用网络线。

购买开关盖板注意事项

①先要看看外观。应该与室内的整体风格相吻合，相谐调。

②看手感。品质好的开关大多使用防弹胶等高级材料制成，防火性能、防潮性能、防撞击性能等都较高，表面光滑，无气泡，无划痕，无污迹。开关拨动的手感轻巧而不紧涩，插座的插孔需装有保护门，插头插拔应需要一定的力度并单脚无法插入。

③看分量。因为只有开关里面的铜片厚，单个开关的重量才会大，而里面的铜片是开关最关键的部分，如果是合金的或者薄的铜片将不会有同样的重量和品质。

④看品牌。奇胜、TCL、MK、西蒙、松本、罗格朗、西门子、梅兰日兰、朗能、南京鸿雁、上海松日、松下、正泰、天基、雷士等是比较常用的质量信得过的产品，只有以梅兰日兰为代表的少数知名品牌的产品是通体采用进口 PC 整料的。选择开关插座时还应考虑其内部的铜件应为锡磷青铜、开关触点应为银镍合金等诸多方面，就看各人的心理价位。买这些产品的时

候一定要看标识。要注意开关、插座的底座上的标识，包括 3C、额定电流电压。最后要看服务和包装，才不会吃亏上当。

尽可能到正规厂家指定的专卖店或销售点去购买，并且索要购物发票，这是因为市场上假货实在太多了，TCLK40 的假货至少有三个版本，假西蒙、假朗能，跟踪速度可与正货媲美，甚至有的不法商贩，把正牌的盖板拿下来，换成劣质的芯子，光是省下的铜的钱就够他们混的了。

选购产品时还应注意产品品质和相关细节

①产品表面光滑，无起泡、凹陷现象，结构应精致、不粗糙；
②接线柱光亮，无锈痕；
③紧固螺钉拧动时无阻滞感，拧紧后导线不易松脱；
④开关、插座在紧固到墙面时，不得有倾斜或凹凸不平现象；
⑤开关的开启与闭合位置有明确标示；
⑥开关、插座接线柱的火、零、地线有明确标识；
⑦开关、插座的后座无裂痕；
⑧开关手感轻巧，反应灵敏，开、关位置到位；
⑨插座插拔顺畅，手感在插入时有一定阻力，最好带有保护门；
⑩商标印刷或刻印清楚，包装规范，附合格证；
⑪有 3C 认证标志；
⑫要选质量好的底盒与之配套；
⑬仔细阅读说明书，了解其与自己的要求是否符合。

穿线管应用阻燃 PVC 线管，其管壁表面应光滑，壁厚要求达到手指用劲捏不破的强度，而且应有合格证书。管子要买质量好的，管件也要配套，电盒的质量更加重要，要尽可能地保证施工的安全和质量。

三十二、如何选定乳胶漆材料

如何选定油漆乳胶漆材料是最难把握的，一方面由于油漆工程牵涉到的材料太多，品牌太杂；另一方面由于油漆的工艺性太复杂，行业发展太快，工艺流程太难控制。更重要的是油漆是装修工程中利润最丰厚的一块，很多猫腻不是一般人能识破的，就是能识破，也抓不到证据，很多人只能默认，不能捅这个马蜂窝，否则会招来很多麻烦。

如果你选择包清工，那么工人就会开一大张采购清单，而且每个人开的单子都不一样，每个地域、每个公司工人的习惯做法都不一样，用量也不一样，说法更不一样，要提防他们推荐的油漆品牌并不是市场上最好、最环保的，而是回扣最高的。

如果你选择装修公司施工，他就会推荐你用品牌油漆中最新系列的，因为相同的工艺，用不同的油漆等级利润空间是不一样的，明明一桶乳胶漆只能刷一个房间，工人兑上水就能刷两个房间，因为最后材料的审核在包工头手上，无论如何要降低成本，没有什么仪器可以测量漆膜的厚度、饱和度和平整度。

如果你信不过装修公司，包清工也嫌烦，就找建材超市配材包清工收管理费。而他们工程部的业绩就体现在材料销售的扣点上，只要能推销出去材料，就是不做工程也能养得起一班人，工人也能从材料中得到好处。我监理的工地就出现工人开的材料单比油漆规定用量多 50% 的情况，到最后我们请品牌厂商的配套服务人员喷涂的用量都比他们手刷漆用量省，质量有保证，整体效果比手工刷的好多了。

所以任何一个搞家装的人，都应该了解一下各种油漆的用途、用量及效果如何，市场价位是多少，环保质量如何，如何鉴定，如何验收油漆工程，否则家里花了那么大的代价做好的装修工程，油漆工程不到位、不理想，甚至导致污染源，后悔莫及。

油漆工程一般分乳胶漆和油漆两部分。

乳胶漆（图 103）是一种以水为介质，以丙烯酸酯类、苯乙烯－丙烯酸酯共聚物、醋酸乙烯酯类聚合物的水溶液为成膜物质，加入多种辅助成分制成，其成膜物是不溶于水的，湿擦洗后不留痕迹，并有平光、高光等不同装饰类型。具有良好的耐水、耐碱、耐洗刷性，涂层受潮后绝不会剥落。

好的乳胶漆打开后，表面会形成很厚的有弹性的氧化膜，不易裂。而次品

图 103

选择乳胶漆有几个标准

　　首先，要可擦洗。因为墙面容易弄脏，有小孩的家庭更会为涂鸦而伤透脑筋。含防水配方的乳胶漆在干透后，会自然形成一层致密的防水漆面。用清水或温和的清洁剂就能非常轻易地把污渍抹洗干净，又不会抹掉漆膜本身。

　　其次，乳胶漆的防潮防霉功能。防霉、防潮配方的乳胶漆能有效阻隔水分对墙体及墙面的侵袭，防止水分渗透，杜绝霉菌滋长。漆面持久不易褪色、脱落，一般来说，乳胶漆能保持 3～5 年崭新亮丽。

　　最后，还要关注乳胶漆是否真正无毒、安全环保。乳胶漆的主要成分是无毒性的树脂和水，不含铅、汞成分。在涂刷过程中不会产生刺激性气味，不会对人体、生物及周围环境造成危害。然而由于利益的驱动，在生产流通领域也有假冒伪劣商品，要注意辨别。现在室内设计的风格多变，彩色乳胶漆受到青睐。如果挑选得当，能让整个室内空间变得温馨、亮丽。

只会形成一层很薄的膜且易碎，具有辛辣气味。用木棍将乳胶漆拌匀，再用木棍挑起来，优质乳胶漆往下流时会成扇面形。用手摸，正品乳胶漆应该手感光滑、细腻。真正的乳胶漆没有刺激性气味，而假冒乳胶漆的低档水溶性涂料可能会含有甲醛，因此有很强的刺激性味道。是不是可擦洗的乳胶漆鉴别起来很容易，只需将少许涂料刷到水泥墙上，涂层干后用湿抹布擦洗，真正的乳胶漆耐擦洗性很强，擦一二百次对涂层外观不会产生明显影响，而低档水溶性涂料只擦十几次即发生掉粉、露底的现象。不能图便宜买质量差的乳胶漆，内墙乳胶漆的最低售价应为 4~5 元／kg，市场上那些标价仅为 1~2 元／kg 的产品实际上是水溶性内墙涂料，其产品质量较乳胶漆相差较大。购买乳胶漆时应注意生产日期及标号。按产品标准规定，内墙乳胶漆的有效贮存期为 6 个月，如超过贮存期应检查其是否有沉降、结块、发臭等现象，如符合要求仍可使用。此外，乳胶漆的包装桶上至少应标注以下事项：产品型号、名称、批号、标准号、重量等。实在辨别不了的，只有多花钱买品牌的乳胶漆。现在中高档市场已经被立邦、多乐士、来威等国际品牌垄断，他们的配套服务、产品质量有保障。

　　目前商场上进口乳胶漆属高档、高价位涂料。它只是在流平性、细度、配色和开罐状态上稍优于国产乳胶漆，其他指标不相上下，但价格比国产乳胶漆高 1～2 倍。进口乳胶漆有一些使人误解的宣传，如 1kg 可刷 8m² 以上，旨在告诉人们每平方米的费用不比国产的贵。但 1kg 是不可能刷这么大面积的，涂层太薄，其他性能就难以保证。一般1kg涂料刷5m²就不算少了。况且有些进口乳胶漆实际上是国内合资企业生产的，贴上外国公司的商标。而国产乳胶漆也有很多质量比较好的，价格却比进口的涂料低得多，对一般家庭而言，比较适用。家庭装修最好选用内墙乳胶漆，外墙乳胶漆用于室内漆膜不够柔和但防水，有人就用外墙乳胶漆刷卫生间的顶，也管用。

乳胶漆的用量

一般乳胶漆的包装基本分为5L和15L两种规格。以家庭中常用的5L容量为例，理论涂刷面积为两遍35m²。

粗略的计算方法：地面面积×2.5÷35=使用桶数

精确计算方法：（长＋宽）×2×房高＝墙面面积；长×宽＝顶面面积（墙面面积＋顶面面积－门窗面积）÷35＝使用桶数

以长5m、宽3m、高2.6m的房间为例，室内的墙、顶涂刷面积计算如下：

墙面面积：（5m+3m）×2×2.6m=41.6m²

顶面面积：5m×3m=15m²

涂料量：（41.6+15）m²÷35m²=1.4桶

说明：以上只是理论涂刷量，因在施工过程中涂料要加入适量清水，所以以上用量只是最低涂刷量。

这样，了解了基本的工艺、乳胶漆的性价比以及用量就可以作出正确的选择了。

三十三、如何选定油漆材料

图104

油漆是个重头戏，种类繁多，化学成分复杂，配套的制剂很多，施工方法也很多。

家具漆的种类（图104）

①硝基清漆。硝基清漆是一种由硝化棉、醇酸树脂、增塑剂及有机溶剂调制而成的透明漆，属挥发性油漆，具有干燥快、光泽柔和等特点。硝基清漆分为亮光、半亚光和亚光三种，可根据需要选用。硝基清漆也有其缺点，如高

湿天气易泛白、丰满度低、硬度低等。

②手扫漆。属于硝基清漆的一种，是由硝化棉、各种合成树脂、颜料及有机溶剂调制而成的一种非透明漆。此漆专为人工施工而配制，具有快干等特征。

③聚酯漆。它是用聚酯树脂为主要成膜物制成的一种厚质漆。聚酯漆的漆膜丰满，层厚面硬。聚酯漆同样拥有清漆品种，叫聚酯清漆。

聚酯漆施工过程中需要进行固化，这些固化剂的分量占了油漆总分量1/3。这些固化剂也称为硬化剂，其主要成分是TDI（甲苯二异氰酸酯/toluene diisocyanate）。这些处于游离状态的TDI会变黄，不但使家私漆面变黄，同样也会使邻近的墙面变黄，这是聚酯漆的一大缺点。目前市面上已经出现了耐黄变聚酯漆，但也只能用于"耐黄"而已，还不能做到完全防止变黄的情况。另外，超出标准的游离TDI还会对人体造成伤害，主要是过敏和刺激作用，包括造成疼痛流泪、结膜充血、咳嗽胸闷、气急哮喘、红色丘疹、斑丘疹、接触性过敏性皮炎等症状。国际上对于游离TDI的限制标准是控制在0.5%以下。

④聚氨酯漆。聚氨酯漆即聚氨基甲酸酯漆。它漆膜强韧，光泽丰满，附着力强，耐水耐磨，耐腐蚀性。被广泛用于高级木器家具，也可用于金属表面。其缺点主要是遇潮起泡、漆膜粉化等问题，与聚酯漆一样，它同样存在着变黄的问题。

聚氨酯漆的清漆品种称为聚氨酯清漆。

现在很多的家庭选择用白色的油漆装修，营造出欧式简约的风格。而白色的油漆是最难做的，不可避免要发黄，工艺要求很高。

要注意尽可能地选用超白的漆或涂料，超白稍一褪色正好是本白色，如选用了本白色的油漆或涂料，那么经过一段时间本白色就会变成微黄的象牙色。在选用油漆时一定要同时选购配套的稀释剂，不能图便宜，稀释剂不配套是导致白漆迅速变黄的主要原因之一。而且尽可能选购无苯的漆和稀释剂，这直接关系到你家将来的空气环境和家人健康。

硝基清漆的主要辅助剂

①天那水。它是由酯、醇、苯、酮类等有机溶剂混合而成的一种具有香蕉气味的无色透明液体。主要起调和硝基清漆及固化作用。

②化白水，也叫防白水，术名为乙二醇单丁醚。在潮湿天气施工时，漆膜会有发白现象，适当加入稀释剂量10%~15%的硝基磁化白水即可消除。

装饰装修中常用油漆

①清油：南方叫清漆，主要在刷油漆之前作打底漆用。

②原漆：又名铅油，是由颜料与干性油混合研磨而成，多用以调腻子。

③调和漆：又名调合漆，分油脂漆和天然树脂漆两类。

④清漆：又名凡立水，分油基清漆和树脂清漆两类。品种有酯胶清漆、酚醛清漆、醇酸清漆、硝基清漆及虫胶清漆等。光泽好，成膜快，用途广。

⑤磁漆：以清漆加颜料研磨制成，常用的有酚醛磁漆和醇酸磁漆两类。

⑥防锈漆：分油性防锈漆和树脂防锈漆两类。根据使用功能的不同，用于不同的空间。

⑦辅助成膜物质：其中包括溶剂和辅助材料。前者如汽油、烟油、松香水、苯、乙酸乙酯、丙酮等；后者如固化剂、乳化剂、增黏剂、催干剂、湿润剂、分散剂、消泡剂、引发剂、催化剂、稳定剂、防老化剂、防冻剂等。

也有人总结了一个油漆用量的简单公式，可作为参考。

墙面乳胶漆用量 $=1/10 \times$ 墙面总面积 $\times 2$ （刷 2 遍）

家具底漆用量 $=1/15 \times$ 需要涂刷的面积 $\times 3$ （刷 3 遍）

家具面漆用量 $=1/15 \times$ 需要涂刷的面积 $\times 2$ （刷 2 遍）

另外，刷混水漆用原子灰和油腻子。

油漆辅材里面的名堂经最多，现在很多的大公司都使用专用的腻子粉作乳胶漆的基层，里面有胶粉，他们是统一供材，这样就从源头保证了材料的质量，但是收费也翻了一倍。其使用普通的腻子粉，只要达到国家标准，里面掺一定比例的胶粉，搅拌充分，一样能够保证质量。油漆工程实际上是看工人的技术，如果包工头只给工人一半的滑石粉，就是工人做得再平整，厚度也达不到指标，而且工人为了省事，减少打磨量，有意识地减少工作量。我作过比较，正规的酒店工程乳胶漆基层的用量和普通家庭装修工程基层材料用量会相差一倍。不要说用 2 米的靠尺，只允许插一张扑克牌，我用 1 米的靠尺，很多地方都明显不平衡。这就是现实的家装工程质量水平。

不光腻子粉会作假，其他辅材如溶剂、胶类、绷带等在市场上都能有劣质的假货替代，而很多的大公司主材统一配送，而这些辅材都是由包工头自己买，而包工头是没有资金垫付的，很多人就在小店赊欠，最后结算，这样的操作方法也导致材料的质量无法保证。尤其是胶类，明明桶上标注的是无醛胶，而那些乡镇小厂不用甲醛作溶剂是不可能生产出产品的。白漆里面要掺天那水，专用的溶剂，可包工头用便宜的溶剂冒充。结果白漆很快变黄，已经过了保质期，防不胜防。更有些大公司的包工头工程结束后便人间蒸发的，材料商索赔也没有人认账。这就是家装公司分包制惹的祸，损害的是业主消费者的利益。所以延长保质期也是制约家装公司短期行为的一个有效手段。

三十四、如何选定吊顶材料

家庭装修吊顶是必不可少的，像厨房、卫生间这种区域中有落水管的，就必须做吊顶（图 105）处理，才能保证整体效果的美观。而客厅的吊顶（图 106）则起到了美化环境、划分区域、加强照明的效果。餐厅的吊顶（图 107）用于烘托就餐氛围。每个区域用的材料不一样，功能也不一样，是家装工程中比较难处理的施工环节。

图 105

图 106

图 107

吊顶的材料主要有石膏板、木板、PVC 塑料扣板、铝扣板、玻璃和金属等，比较常用的是石膏板吊顶、PVC 塑料扣板和铝扣板。

一般使用原则

客厅餐厅区域用石膏板（图108）；卫生间和厨房用铝扣板（图109）的比较多；PVC塑料扣板由于会老化、变形，现在家庭中高档装修已经不用了。阳台和阁楼用杉木吊顶（图110），艺术效果很好；玻璃和金属的吊顶（图111）就是艺术装饰的范畴了。

用石膏板吊顶一般都是用木龙骨刷防火涂料，使用木龙骨要注意木材一定要干燥。但是大面积的吊顶和一些品牌大公司则使用轻钢龙骨吊

图 108

图 109

图 110

图 111

顶，这样能够保证强度、平整度，延长使用寿命，工程质量较高。吊顶金属龙骨一般采用轻钢和铝合金制成，具有自重轻、刚度大、防火抗震性能好、加工安装方便等特点。按型材断面分，有 U 形龙骨和 T 形龙骨。好的材料和差的价格相差很大，要注意龙骨的厚度，最好不低于0.6mm。原板镀锌龙骨俗称"雪花板"，上面有雪花状的花纹，强度也高于后镀锌龙骨。配件也要选择原装配套的，保证材料的质量。

纸面石膏板（图 112）是以石膏料浆为夹芯，两面用纸作护面而成的一种轻质板材。纸面石膏板质地轻、强度高、防火、防蛀、易于加工。普通纸面石膏板用于内墙、隔墙和吊顶。经过防火处理的耐水纸面石膏板可用于湿度较大的房间墙面，如卫生间、厨房、浴室等贴瓷砖、金属板、塑料面砖墙的衬板。

图 112

卫生间的吊顶最好用镂空花型的铝扣板吊顶（图 113），它会使水蒸气没有阻碍地向上蒸发，同时又因为它薄薄的纸样隔离层，使上下空间的空气产生温差，水蒸气上升到天花板上面后，很快凝结成水滴，又不会滴落下来掉在人身上，可谓起到了双层功效。而厨房就不能用镂空花型天花板，那就等于无法清洁了，因为油烟都会渗入到了镂空花里。但平板型天花板就不存在这个问题，用布擦，用刷子刷都可以，在购买的时候一定要区分注意。

图 113

PVC 板以 PVC 为原料，能防水、防潮、防蛀，内含阻燃原料，故使用安全。PVC 板（图 114）大多以素色为主，也有仿花纹、仿大理石纹的。它的截面为蜂巢状网眼结构，两边有加工成型的企口和凹榫。注意挑选的

图 114

细节，要求企口和凹榫完整平直，互相咬合顺畅，局部没有起伏和高度差现象。PVC板每平方米12~20元不等，可谓物美价廉。但由于耐高温性能不佳，用于厨房、浴室等较热的环境中容易变形。

国产铝扣板的基本材料为铝镁合金、铝锰合金，价格多在每平方米50～60元。进口产品的基本材料为铝锌合金，硬度高于国产，每平方米价格在200元上下。检验铝扣板的质量主要看其表面网眼的开头大小是否均匀，排列是否整齐，表面喷塑后光泽度是否完好，厚度是否均匀等。

吊顶工程的难度比较大，有尺寸和空间的限制，尤其是厨房、卫生间里管路比较复杂。另外，灯具、热水器、建筑梁等很小的面积工钱低，还麻烦，所以当有些卖扣板的商家为了销售产品而推出安装服务的时候，家装公司也能接受。工程要衔接好，吊顶选择可拆卸的，一方面是由于检修的需要，一方面由于安装时候要受很多的制约，因此要保证吊顶的平整度，把每处都处理好是不容易的。

三十五、如何挑选灯具

我最喜欢陪同客户买灯具了，五光十色、金碧辉煌、色彩斑斓，非常赏心悦目。很多人以为到了工程后期安装的时候再买灯具也不迟，实际上这是个大大的误区。在装修的前期就要看灯具，而且要看仔细，最好确认，因为电工要布线路，业主要提供一些特殊灯具的造型和安装尺寸，以免安装时出现失误。

1. 餐桌灯具（图115）

现在室内设计非常重视餐厅的氛围，餐桌上方一般都有造型优美柔和的餐桌灯作局部照明，以烘托出家庭就餐温馨的氛围。由于受空间的限制，餐桌的位置往往不固定，吊顶的位置也不在正中，所以就要找与整体室内设计风格相近、尺度合适、自己喜欢的造型的灯具，有了灯具的安装尺寸，在现场放好大样，后期安装才不会出问题。

餐厅的餐桌要求水平照度，宜选用强烈向下直接照射的灯具或拉下式灯具，使其拉下高度在桌上方600～700mm的高

图115

度。灯罩宜用外表光洁的玻璃、塑料或金属材料，以便随时擦洗。墙上还可适当配置艺术造型灯，这样会营造出很好的就餐氛围，增进食欲。

2. 客厅灯具（图116）

客厅是一个家庭的门面，很多业主都愿意一掷千金买个豪华的灯具，殊不知，现在客厅的高度只有2.7m左右，那么大型的水晶吊灯装上去才发现就在头顶，很不舒服，而且越是造型复杂的灯具越是难打理，中国家庭要是不落灰、无油烟是不可能的。所以在购买的时候就要看看实际的效果，不要一味地摆阔气，被设计师和销售小姐忽悠。

图116

客厅以选用庄重、明亮的吊灯或吸顶灯为宜。如果房间较高，宜用白炽吊灯或一个较大的圆形吊灯，这样可使客厅显得通透。但不宜用全部向下配光的吊灯，而应使上部空间也有一定的亮度，以缩小上下空间亮度差

图117

别。灯具的造型与色彩要与客厅的家具摆设相协调。

3. 卧室灯具（图117）

卧室灯也不仅仅是照明的概念，现在一般都用节能灯管，简洁的吸顶灯就很清爽。市场上流行的羊皮灯，以它柔和的灯光、精美的造型、适中的价格受到了业主的欢迎。

卧室里要多配几种灯，吸顶灯、台灯、落地灯、床头灯等应能随意调整、混合使用，以营造出温馨的气氛。壁灯宜用表面亮度低的漫射材料灯罩，这样可使卧室内显得光线柔和，利于安眠。

4. 书房灯具（图118）

书房照明应以明亮、柔和为原则，台灯选用白炽灯泡较为合适。写字台上的台灯应适应工作性质和学习需要，宜选用带反射罩、下部开口的直射台灯，也就是工作台灯或书写台灯，台灯的光源常用白炽灯、荧光灯。局部可以用射灯打在艺术画上，渲染出书房的书香氛围。

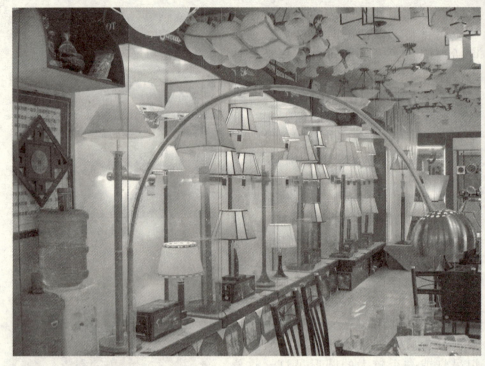

图 118

5. 儿童房灯具（图 119）

这里的灯具一般很活泼，但是也不能太花哨，否则会吸引孩子的注意力，不安心学习。关键是要有足够的光照度，让孩子有个属于自己的小天地。

6. 其他处灯具（图 120）

图 119

图 120

厨房、卫生间和过道里一般使用吸顶灯，因为这些地方水汽大、灰尘多，用吸顶灯便于清洁。最好用安全的节能防爆灯，内藏在天花板中比较美观。厨房中灯具要安装在能避开蒸汽和烟尘的地方，盥洗间则应采用明亮柔和的灯具，同时灯具要具有防潮和不易生锈的功能。

在作灯具照明设计的时候，最好考虑到在走道里设置长明灯，以方便起夜；在卧室和楼道里要设计双连双控开关，以方便使用；门灯、阳台等都要统一考虑。

一般的家庭装修，灯具的投资会占硬装修投资的 1/10，每一处的灯具都有不同的用途，尤其是吊顶内的泛光源，一定要事先量好长宽尺寸，然后根据尺寸配 T4 灯管。家庭的灯光不宜太绚丽、像 KTV 那样杂乱、局部效果用彩色的，起家过日子就要节能的、柔和的、舒适的，尤其是要避免过多地使用筒灯，那种冷光源的灯具要用变压器，很容易损坏，而且照在人身上也不舒服。我看过有些人家装修用了几十个筒灯，一路不开，到最后还是开日光灯照明。

成功的灯具设计方案应同其他装饰装修设计要素配合得恰到好处、相得益彰，必须明确哪些区域应给予最充分的照明，哪些区域最好浸没在朦胧之中，正确的方法是根据居室的特点来综合设计灯光，确定重点突出部分。有一种田园装饰潮流受到了年轻白领的欢迎，就是在材质上使用了自然原材料，且具有田园休闲气息，田园灯的叫法就自然形成。此类灯饰大多采用藤、竹、麻、布、棉线、陶等自然材质，在外观与质感上都与大自然比较贴近，让人与空间都有回归自然的感受。这些都是艺术照明的理念。

买灯具也是很好玩的事情，同样的灯具在不同的商场有不同的价格。我到常州的邹区灯具批发市场考察过，那里是华东地区灯具的集散地，有很多的乡镇小厂作依托，只要是流行好卖的款式，很短的时间内就能仿制出来，经营机制很灵活。这样，南京地区的灯具我一般会带客户到大的装饰城看样，那里展示的是最新的潮流，看中了式样，还好了价，再到专业的灯具市场去淘，这样一圈转下来，就能省很多的钱，东西要会买。特色灯具尽管砍价。但是常用的照明灯具就要买品牌的，因为会有质量保障。

三十六、如何选择楼梯

现在户型中的跃层、阁楼以及别墅都要做楼梯，开发商往往只留了一个楼梯洞，很多情况下位置还不对，只能架起竹梯看房。这样，楼梯就占家装投资的很大比例，好一点的钢木楼梯就要上万元，就是最简单的木楼梯也要 5000 元以上，而且选用什么样的造型、什么样的材质、如何安装都是件头疼的事。

首先是楼梯的设计，楼梯的坡度一般为 20°~45°，以 30° 为宜。踏板宽度不小于 240mm，以保证脚的着力点重心落在脚心附近，并使脚后跟着力点有 90% 在踏板上，但舒适的宽度应为 300mm。踏板的高度不宜大于 170mm，较舒适的高度为 150mm。楼梯的净宽当一边临空时不应小于 750mm，当两侧有墙时不应小于 900mm。栏杆的高度应保持在 1m，栏杆之间的距离不应大于 110mm，以防止小孩的头卡进去。

任何形式的楼梯都是由踏板、栏杆和扶手组成的。楼梯风格应与整体的装饰风格相统一。对于欧式风格而言，楼梯宜选木雕做护栏立柱，白色的油漆高雅大方。对于现代简约风格，楼梯宜选以钢材为主骨，简洁、通透、线条明朗；以玻璃、不锈钢为主材，踏板以集成材为基础不易变形，扶手可选木制。而中式风格的楼梯则以全包式为主，在侧立面配以中式木雕、木艺，护栏也可采用中式窗棂做主体，古色古香。

楼梯的式样有直跑式（图 121）、折跑式（图 122）和螺旋梯（图 123），最小的螺旋梯只占用直径为 1.2m 的空间。目前用得最多的是折跑式，美观、节省空间，在空间中起到了举足轻重的作用。直跑式最大的好处是下面的空间可以作储藏间用，我家民国别墅的楼梯间就是我的照相暗房，带给我和父亲很多美好的时光。

图 121

图 122

图 123

采用什么样的材质就有什么样的总体效果，一般来说有几种操作方法：

①如果已经浇筑好钢筋水泥的楼梯踏板，就到制作木线条的作坊里订做木扶手和栏杆，自己看好式样、谈好价格，请专业的木工上门安装，踏步和侧板可以定制实木的，也可以用复合地板当做面板，下面衬以细木工板，然后用木线条收边。这里面接口处理非常有技巧，既要考虑到地面铺好地板的高度，又要考虑楼板装饰后的高度、如何转角、如何固定、哪边和哪边接口非常有讲究，没有相当的经验是做不好的。

②如果只留了楼梯洞口，为了节省空间，一般都做通透的钢木楼梯，让专业厂家上门测量尺寸，专门定制，等装修后期再来安装。有几种报价方式：第一是按套计价，由于目前国内商品住宅、别墅的规格基本相同，即复式结构的层高（一层地面到二层地面的高度）一般在 2.7 ~ 3m 之间，别墅在 2.8 ~ 3.2m 之间，所以楼梯厂商按这个规格设计好了固定的楼梯，它按整套楼梯报价，如果客户有特殊的要求或变化，可以相应地进行调整；第二是按踏步计价，即将楼梯的价格平均到每一个踏步中，你的楼梯有几个踏步，那么最后的总价就是踏步单价乘以踏步数；第三是按部件计价，即每一种楼梯部件都有严格的价格，根据实际需要各种部件的数计价，包括将军柱、大柱、小柱、栏杆、扶手、踏板、立板、柱头、柱尾、连件甚至小到膨胀螺丝都单独计价，待工程完工后再进行增、减项的验收，费用多退少补。

现在常见的楼梯材料为全钢、全木质、部分玻璃及钢木结构。全钢结构的楼梯价格最低，全木质楼梯最贵，玻璃楼梯的价格因玻璃质量而定，价格变化较大，就看业主自己怎么挑选了。选择楼梯不要图便宜，更不要图省事。安全第一，质量最重要。这是一次性投资，一定要大气，手感舒适、牢固、美观。也有些BOBO族、年轻人选择金属楼梯。现代金属楼梯来源于工厂化设计和制造，其造型新颖多变，不占用更多的空间，安装拆卸方便；也有人主张简约，简约到楼梯用钢架和木板连接起来，连扶手和栏杆也不要；也有人专门要求楼梯造型怪异；有人追求原始。大千世界中各取所需，各有所爱。

三十七、如何选择辅材

辅材是指装修中的辅助材料，例如防水材料、胶水、万能胶、小五金、枪钉、水泥、沙子等。本来这些材料在装修工程中所占的份额并不多，可现在装修材料市场太透明，网络把业主都联系在一起，所以包工头在主材上没有多少油水可捞，而这些辅材，由于品种多、功能多，价格相差悬殊，业主因为不懂或太忙往往会忽略，甚至很信任包工头让他们代买。我的一个客户是个大学老师，先生非常厚道，给了包工头2000元买辅材，很快就花完了，拿了一大堆莫名其妙的收据，说材料已经用到工地，无法核实，吃了哑巴亏，也不敢得罪这些人。这就叫秀才遇上兵，有理说不清。

更恶劣的是，很多装修公司施工队的防水材料并不是符合国家规范的材料，环保指数都不合格，而且为了扩大工作量，野蛮装修，把原来的建筑防水层破坏，而用他们的材料随便涂抹，两桶100多元的材料刷两遍最后按面积结算要业主2000多元，这就是装修公司施工队的暴利所在，你如果有异议，他们就以出现漏水渗水事故概不负责的态度对付，一副流氓嘴脸。

图 124

所以在和家装公司签合同的时候，一定要弄清楚防水材料的成分、效果和价位，有效地保证工程的安全。

防水涂料在家装中的重要性毋庸置疑，首先应该注意原料成分，如目前防水性能较好的涂料通常应含有有机硅改性丙烯酸。

图 125

防水涂料的大致分类

1. 改性沥青防水涂料（图124）

这种涂料多配合玻璃丝布使用，工程相对复杂，有污染。

2. 聚氨酯类防水涂料（图125）

这类涂料一般采用含有甲苯、二甲苯等成分的有机溶剂来稀释，含有毒性。

3. 新近面市的硅橡胶类防水涂料（图126）

该涂料主要运用高分子合成技术制成，具有较好的防水、防潮功能，且施工相对简单。

图 126

购买防水涂料常识

购买防水涂料应从拉伸强度、断裂伸长率、不透水性等方面来综合考察。

防水涂料一般分为水性与油性涂料，水性防水涂料在环保方面更有保证；油性防水涂料一般用于屋面或地下室防水，施工要求高，一般基层潮湿或有浮灰就会影响其防水性能。水性防水涂料又分为单组分与双组分，单组分防水涂料直接加水搅拌后就可进行施工，对施工要求不高，消费者购买后可自己施工，但这种涂料施工后容易起丝瓜孔，水和气泡容易进入。双组分防水材料则对施工要求比较高，但其耐水性、延伸力以及附着力都比较好，目前使用的人也比较多。

防水涂料的使用

厨房、卫生间装修时，如果将原有墙地砖打掉重新装修，不管原来是否做过防水层，重新贴墙地砖之前都应重做防水层，四周侧墙防水层高 200mm，有浴缸的部位，防水层超过浴缸顶部 200mm。有淋浴器且无其他防水措施时，防水层应做到淋浴所能喷淋到所有部位。厨卫地面在重新装修时，防水层最易被破坏。装修时要尽量保护好原有的防水层，一旦破坏，必须及时修补，重新做。施工时应先用水泥砂浆把地面抹平，用聚氨酯防水涂料反复涂刷 2~3 遍。注意涂刷要均匀，以免有的地方过薄，造成渗漏。

重要处的防漏处理

与洗浴设施邻近的墙面、洗面盆、水槽使用时水会溅到邻近的墙上，如果没有防水层的保护，墙壁容易潮湿，发生霉变。因此在铺墙面瓷砖之前，一定要做好墙面的防水处理，但是非承重的轻质墙体，至少要做到 1.8m 高，最好整面墙都要作防水处理。与淋浴位置邻近的墙面防水也要做到 1.8m 高，与浴缸相邻的墙面防水涂料的高度也应高于浴缸的上沿。

墙面与地面、上下水管与地面的接缝处多发生渗漏，包括穿过楼层的管根、地漏、卫生洁具及阴阳角等部位，原因是管根、地漏等部位松动、黏结不牢、涂刷不严密或防水层局部损坏、部件搭接长度不够所造成的。这些边边角角是最容易出现渗漏的地方，要注意薄弱部位细部节点的施工，防水涂料一定要涂抹到位。管道、地漏等穿越楼板时，其孔洞周边的防水层必须认真施工。上下水管一律要做好水泥护根，从地面起向上刷 10~20cm 的聚氨酯防水涂料，然后在地面再做聚氨酯防水层，加上原防水层，组成复合型防水层，以增强防水性能。内埋水管的墙壁中应做大于管径的凹槽，槽内抹灰圆滑，然后在凹槽内刷聚氨酯防水涂料，进行防水处理。排污口和地漏也是重点要做好防水处理的地方。

　　水泥、黄沙是瓦工工程质量的保障，一般装修公司是不供应这些材料的，都是包工头在就近的小店里买，这样就导致水泥的标号不对、质量不好，黄沙里面有泥，甚至施工的时候，工人有意偷工减料，造成工地渗水，打开地砖，里面竟然全是沙子没有水泥，水管漏出来的水渗到房间里，损失惨重。

判断水泥的质量

　　如何判断水泥的质量呢？我们业内人士一般都是看水泥的纸袋包装是否完好，标识是否完全。纸袋上的标识有工厂名称、生产许可证编号、水泥名称、注册商标、品种（包括品种代号）、标号、生产日期等。用手指捻水泥粉，感到有少许细、砂、粉的感觉，表明水泥细度正常。再看色泽，深灰色或深绿色为佳，色泽发黄、发白（发黄说明熟料是生烧料，发白说明矿渣掺量过多）的水泥强度比较低。而且还要看重量是否足。

水泥砂浆的选购

　　一般家庭都使用硅酸盐水泥。425 号就能保证质量。水泥占整个砂浆的比例越大，其黏结性就越强，如果水泥标号过大，当水泥砂浆凝结时，水泥大量吸收水分，这时面层的瓷砖水分被过分吸收就容易拉裂，缩短使用寿命。水泥砂浆一般应按水泥：沙子 =1：2（体积比）的比例来搅拌。

　　黄沙应选中沙，中沙的颗粒粗细程度十分适于用在水泥砂浆中。许多客户以为沙越细砂浆越好，其实是个误区。太细的沙吸附能力不强，不能产生较大摩擦而粘牢瓷砖。

装修中常用的胶黏剂的种类

1. 木材胶黏剂（图 127）

　　①白乳胶：主要适用于木龙骨基架、木制基层以及成品木制面层板

的黏结，也适用于墙面壁纸、墙面底腻的黏贴和增加胶性强度。主要成分有聚酯乙烯。特点是凝固时间较长，一般操作后 12 小时凝固；黏结强度适中，基本不膨胀和收缩，黏结寿命较长，黏结后有弹性，溶解于水；阻燃。

②309 胶（万能胶）：主要适用于成品木制面层板、塑料制面层板、金属制面层板和无钉木制品的黏结；瞬间凝固，黏结强度高，寿命长；无膨胀，有较小收缩，无弹性，受冲击时易开胶；易燃。

③地板胶：主要适用于木制地面板材。凝固时间较短，1~3 小时后凝固；黏结强度高，寿命长；有膨胀，硬度高；不阻燃；易开裂。

④专用地板乳胶：适用于复合地板企口黏结。凝固时间较长，操作后 12 小时凝固；黏结强度较高，寿命较长，无膨胀收缩；不溶解于水；阻燃。

图 127

图 128

⑤鱼骨胶：主要适用于木制楔铆、插接部分的黏结。凝固时间短，操作后 1 小时凝固；无膨胀和收缩；黏结寿命长，强度高；阻燃。

2. 石材胶黏剂（图 128）

常用的有大理石胶，主要适用于各种大理石的对接、修补和成品板材的安装。大理石胶凝固快，操作后 30 分钟凝固；黏结强度高，寿命长；无膨胀和收缩，受撞击易碎；阻燃。

3. 墙面腻底胶黏剂

在装修墙面腻子的施工过程中，除添加白乳胶外，还必须添加其他纤维较长的胶黏剂，以增加其强度。常用的有两种：

①107 胶：主要适用于墙面腻底和壁纸粘贴。107 胶凝固慢，不单独

使用，铺地面时常加入混凝土中；贴壁纸时常与熟胶粉混合使用；刷墙时常与滑石粉、熟胶粉、白乳胶混合使用，以增强黏度。它本身的黏结强度低，有收缩现象；纤维较长；阻燃；溶解于水。需要提醒的是，107胶因甲醛含量严重超标，2001年7月已被国家建设部列为被淘汰建材产品，禁止使用，但市场上仍有销售。家庭装修中，最好不用，而以熟胶粉代替。

②熟胶粉：主要适用于墙面底腻调制和壁纸粘贴。熟胶粉凝固慢，不单独使用；黏结强度低，有收缩现象；比107胶纤维还长；阻燃；溶解于水。

4. 壁纸胶（图129）

专用于墙体粘贴壁纸、壁布等。壁纸胶凝固较快，操作后4小时凝固；黏结强度适中；寿命一般5~6年；收缩较小；有较长纤维；阻燃；溶于水。

5. 玻璃胶（图130）

适用于装饰工程中造型玻璃的黏结、固定，也具备一定的密封作用。凝固较慢，操作后6~8小时凝固；黏结强度高，寿命长；膨胀较大，有极高弹性；阻燃；凝固后防水。

购买玻璃胶最好选择品牌质量有保障的，另外，还要验胶质。

玻璃胶有酸性玻璃胶、中性耐候胶、硅酸中性结构胶、中性防霉胶等很多种，颜色分为白色、有色和透明的，要根据具体的用途选择合适的产品。

图129

图130

6. PVC 专用胶（图 131）

适用于黏结 PVC 管及管件。PVC 专用，凝固快。黏结力高，寿命长；膨胀大，无弹性；防水性能好；易燃；有微毒。

7. 电工专用胶（图 132）

适用于黏结塑料接线管及管件和绝缘密封。电工专用，凝固快；黏结力强，寿命长；无膨胀，无弹性；绝缘密封性能很好；阻燃。

从价格上讲，质量可靠、环保性好的产品价格比普通产品自然要高出一些，德国汉高

选择玻璃胶的方法
①闻气味；②比光泽；③查颗粒；④看气泡；⑤检验固化效果；⑥试拉力和黏度。

图 131　　　　　　　　图 132

百得品牌环保型万能胶，是目前市场上唯一获得"绿十环"标志的氯丁万能胶，黏结性能优秀，且不含"三苯"可很多的施工队为了降低成本，不买这些品牌好的产品，而以劣质品取代，更有甚者，为了赶工期、好交工，很多木制品不用相对环保的白乳胶作黏合，而是大面积使用立时得胶，里面有苯溶剂，很长时间无法散发，损害人体健康，后患无穷。

所以在装修过程中，一定要加强对装修施工时操作的监督，在购买胶黏剂产品时，尽可能亲自去选购，并且一定要亲手拆封，避免在装修过程中产品被施工人员擅自更换成假货。另外，也要注意不要让施工人员擅自选择有毒溶济稀释原本环保的黏合剂产品。

如果是包清工，工人就会让你提供瓦工切割机的切割片、油漆的工具、木工的枪钉，这些小小的东西累积起来也要花不少钱，而且很多的工具都是多开的，工人留着到包工包料的工地上用，所以要多留点心眼，以旧换新，省着点用。

三十八、如何挑选艺术品和绿化植物

现阶段人们为了买房已经是聚集了全家的经济实力，几乎用光了全部积蓄，很多人还要还贷 10 年以上，没有多少闲钱搞艺术品投资，更谈不上搞特色个人收藏了。而一个居室，如果少了艺术品位、文化内涵，那么只剩下高档材料的堆砌，金碧辉煌的外表，就缺少了让人修心养性、

赏心悦目的精神享受。

一幅好的艺术作品，应该在前期设计时就考虑到挂在哪里合适，真正名家的字画、好的艺术作品的价值肯定比液晶电视高。家用电器很快贬值，而艺术品永远增值。客厅是室内空间设计的中心，它的色调和风格决定了室内空间设计的风格。现代室内设计的趋势已经不是房子装修好了以后简单地挂一幅画装饰的概念，而是一个文化层次的提升、空间效果的焦点，同时起着画龙点睛的作用。

绘画作品的种类很多，里面配饰的讲究也很多。不同的区域需要不同风格的艺术品装饰，这就需要业主和设计师共同营造。中央电视台的"交换空间"节目就是个成功的家庭装饰模式，不要花多少钱，只要精心设计，重新布局，大胆创意，就能给人意想不到的惊喜。

一般的家庭在客厅里比较常见的是配现代艺术作品（图133），不需要太花哨，但是要和布艺环境相谐调。挂字画也是比较普遍的，但中西文化装饰风格要协调，我看到有的人家，复杂的吊顶装有很多的筒灯，下面却挂了一幅郑板桥的《难得糊涂》，真的让人犯糊涂。

卧室的艺术品（图134）不宜过大过鲜艳，柔和温馨为雅。餐厅、过道小品最有味道，那些家人的小照片、小工艺品才是家庭的趣味所在。外国人搬家不搬家具，只把这些相片夹带走，家人就与你同在。

现在很多现代化的大型建材超市中都有一些家饰用品销售，如果在居室中摆上一两件藤柳编的沙发、座椅或草制的小书架，在墙上悬挂各种草、木、竹、纸等材料做成的装饰品，或者干脆挂上一壁草帘，居室中的田原风情便扑面而来，给人以清新别致之感。走进这样一间散发着草香竹韵的居室，立马感觉像是进入了休闲、自然的境界。

图133

图134

铁艺制品（图135）也受到人们的青睐，变化多端的造型、独特的魅力让人喜爱。木艺饰品的特点是崇尚古朴、活灵活现，令人有回归自然的心态，让都市人群心理放松。人们往往需要一种宁静、自然甚至原始的家居环境，这样才能得到家的温暖和享受。

图 135

绿化也是室内设计的一个重要组成部分，哪张效果图如果没有了绿色植物就少了很多生气而卖不到钱。绿色植物有美化的功能，也有吸附有害气体的作用，但如果说是风水的一部分，放了一棵发财树，家人就能发大财，往往就带些迷信色彩，故弄玄虚。

有些植物适合在室内生长，有些则要在阳台上晒太阳。我非常喜欢外国人的阳台、窗口，布满了精致的鲜花和观赏植物，生活中充满了阳光，到处可以看到绿色，生息养息，享受生活。现在建筑设计和室内设计都倾向于在室内或室外做花园景观，满足人们的审美情趣和接近自然的愿望。这些地方设计好了绝对出彩，让人眼前一亮，让客人流连忘返。

比较常见的室内观赏植物

仙人掌、吊兰、扶郎花（又名非洲菊）、芦荟、常春藤、铁树、菊花等可以吸收甲醛，消除二甲苯。

龟背竹（图136）：又名龟背蕉、蓬来蕉、电线莲、透龙掌，常绿藤本植物。花谚说："龟背竹本领强，二氧化碳一扫光。"它夜间有很强的吸收二氧化碳的能力，比其他花卉高6倍以上。

石竹（图137）：又名洛阳花、草石竹，多年生草本植物，种类很多，夏、秋开花。花谚说："草石竹铁肚量，能把毒气打扫光。"它有吸收二氧化硫和氯化物的本领，凡有类似气体的地方，均可以种植石竹。

图 136

吊兰、芦荟（图138）：花谚说："吊兰芦荟是强手，甲醛吓得躲着走。"这两种花卉可消除甲醛的污染，使空气净化。

图 137

图 138

植物放置常识

南阳台：植物应以阳生植物为主，如茉莉、白兰、扶桑、太阳花、彩叶草、凤仙花、五色椒、石榴、矮牵牛等。

北阳台：选择喜欢阴凉环境的植物，如蕨类植物、万年青类、龟背竹、球根海棠、绿萝等。

东阳台：接受日光照射时间比较短，适合摆放短日照花卉，如蟹爪兰、杜鹃、山茶、君子兰等。

西阳台：上午光线少，下午有西晒。适合的植物如爬山虎、扶芳藤等，可以让其攀爬，形成绿色屏障，夏季可以用来防止西晒。

比较大型的绿萝、水竹、橡皮树、金橘、滴水观音等绿色植物都是不错的选择。

然而也不是所有的植物都能搬到家里，有些甚至有害健康，一些花草香味过于浓烈，会让人难受甚至产生不良反应，如夜来香、郁金香、五色梅等。另一些花卉，会让人产生过敏反应，像月季、玉丁香、五色梅、洋绣球、天竺葵、紫荆花等，人碰触抚摸它们，往往会引起皮肤过敏，甚至出现红疹，奇痒难忍。还有的观赏花草带有毒性，摆放应注意，如含羞草、一品红、夹竹桃、黄杜鹃和状元红等。仙人掌类的植物有尖刺，有儿童的家庭或者儿童房尽量不要摆放。另外，为了安全，儿童房里的植物不要太高大，要选择稳定性好的花盆架，防止对儿童造成伤害。

"水是生命之源，绿是生命之本"，如果有条件，家里最好做些水景（图139），养一些金鱼水族。当年我第一次到老公家，就是喜欢他妈妈养的一缸金鱼，才决定嫁进他们家门的。老人、孩子、疲劳的大人，在生机勃勃的水族

图 139

箱面前都会兴致勃勃地欣赏，现代人追求的就是闲情逸致，那种安定优雅的生活是人人向往的。

三十九、如何购买家用电器

家用电器是家装预算必须考虑的一大块，在装修前期就要确认电器的外观尺寸、安装要求以及电功率的大小，在作水电设计的时候要统筹考虑、合理安排。常用的家电已经普及就不细讲，这里主要讲技术要求比较高的新型家电。

1. 如何选购燃气热水器（图140）

在选购燃气热水器时首先要注意家中使用的燃气种类，所购买的热水器所适用的气源一定要与家中所使用的煤气种类相同。天然气和煤气厂生产的煤气燃烧值不一样，燃烧喷头也不一样。其次要注意燃气热水器的上扬，有烟道式、平衡式、强制排气式。烟道式、平衡式热水器产生的废气在自然抽力下通

图 140

过烟道排出室外，抗风能力较差；强制排气式热水器产生的废气在外力的作用下排至室外，抗风能力较强。再次是考虑容量，燃气热水器的升数是指热水器出水温度比进水温度高 25℃时每分钟的出水量，选用 8L 以上的热水器才能满足人们冬季沐浴的要求。最好买 16L 的，洗澡才痛快。选购热水器时还需注意热水器的调温范围和适用水压。同时，要把外观尺寸告诉施工队长，好安排打排气孔，确认孔径，从而确定上下水的位置。

2. 如何选购电热水器

储水式电热水器（图 141）的优点是干净、卫生，不必分室安装，不产生有害气体，调温方便。高档产品还有到达设定温度后自动断电、自动补温等功能。最新型的还内置了阳极镁棒除垢装置。多数产品由于采取了过压、过热、漏电三重保护装置，在使用中更为安全。缺点是价格偏高、加热慢、占空间，不适合人口多的家庭使用。

图 141

另外，由于其内胆是全封闭的，有条件的消费者最好选用带有玻璃化搪瓷保温内胆的产品，以尽可能地延缓结垢的速度。储水式电热水器技术含量最高的部分是内胆，内胆质量的优劣直接关系到热水器的使用寿命，所以普通的不锈钢焊接内胆产品虽然比由一次烧结成型的双层玻璃化搪瓷内胆的产品在价格上低一半以上，但使用寿命也只有后者的 1/5 ～ 1/3。据测试，在正常情况下，采用双层玻璃化搪瓷内胆不但能够防腐蚀、不结垢，而且寿命可达 20 年以上。另外，储水式电热水器的功率一般在 1200~3000W 之间，比较著名的品牌多设定在 1500W 以下，最好在装修前期就单放一路大功率的电源，以保证安全。

即热式热水器（图 142）的优点是方便、省

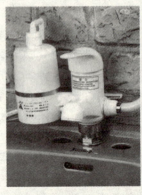

图 142

时、不占空间、安全、最大限度地减少了热损耗，缺点是价格贵，对电表、电线的要求较高，一般需要有至少30A的电表、4mm²截面的铜线，因此居住在老房的家庭不宜使用。值得注意的是，少数消费者在不了解情况的前提下选购了一些功率小于4000W的此类产品，在冬天使用时可能会出现水温不够热的问题。

现在很多的人家从节能快捷的角度在厨房的水槽或卫生间的台盆下安装一个小厨宝电热水器，这样也解决了不少问题，但是装修的时候就要安排好位置和插座，确定外观尺寸。

装修策划的基本原则

下面的公式可立即测算出您家中适合不适合安装此类产品：（热水器功率＋家中其余常用电器的总功率）÷220W＝电表安培数。假如即热式热水器的功率为7200W，那么即使家中的所有电器全部关闭，电表也需要33A，即使是短时间使用，没有30A的电表也是无法承受的。

3. 如何选购消毒碗柜

虽说食具消毒柜（图143）还不能像排油烟机、烤箱灶那样跨入厨房必备家电的行列，但是对于购买成套橱柜，没有碗橱的时尚家庭还是比较普遍的选择。一般来说选择低温臭氧型消毒柜是比较明智的。采用红外线加热的高温消毒柜只适用于能承受150℃高温的耐热餐具，如陶瓷碗盘等，但如果用来为塑料餐具和漆木制品消毒，则会产生灾难性后果；而一般的双门消毒柜，由于低温臭氧消毒室空间过小，消毒效果不会很理想。低温型臭氧消毒柜除具有为各种餐具消毒的本领外，可以兼作瓜果保鲜室，因

图143

为臭氧能使蔬菜、水果常保鲜香，作为日常家用的消毒碗柜，功率不宜过大，600W是比较适宜的数值。四口之家可选择60～80L消毒柜。购买时看看功率开关按钮是否灵活可靠，电源开关反应是否迅速，指示灯工作是否正常，同时确保电源线连接处牢固无松动，绝缘层无破损，连接器插拔松紧适度。然后进行功能检测，接通电源后各金属部件不得有漏电现象。臭氧型消毒柜通电后应听到高压放电的噼啪声或看到臭氧离子发生器放射蓝光；红外线型消毒柜通电后应迅速升温，一般4分钟左右

应达到 40~50℃。密封良好的消毒柜才能保证臭氧浓度或消毒室温度，以达到消毒的功效。取一张小薄硬纸片，如果能轻易插入消毒柜门缝中，则说明柜门密封不严。

4. 如何选购洗碗机

现代家庭妇女越来越摆脱家务的束缚，洗碗机得到了普遍应用，看看美国、日本的家庭就能看出这种家电的生命力。所以在设计厨房水电路的时候，最好把洗碗机考虑在内，以免今后安装麻烦。

第一，选购洗碗机先按开门的装置来决定，一般可分为前开式（图 144）和顶开式（图 145）两种。前开式的门打开后，可以像书桌一样拉出每个格架，放取餐具非常方便，且由于其顶部不开，给用户提供更多的使用空间。顶开式与之相比，放取餐具不太方便，顶部也

图 144　　　　　　　图 145

无法充分利用。按洗涤方式又可分为叶轮式、喷射式、淋洗式和超声波式四种。目前较为常用的为叶轮式和喷射式，这两种洗涤方式的洗碗机具有结构简单、效果较好、售价低和维修容易等优点。消费者可根据家庭情况和个人爱好选择。

第二，要挑选合适的规格。洗碗机的规格通常以其耗电功率的大小来表示，也有的以机内存放碗碟的有效容积来表示。没有设干燥装置的洗碗机，其耗电功率只不过几十瓦；而带干燥功能的洗碗机，其功率有600~1200W 不等。至于选择多大规格的洗碗机，一般来讲，三四口之家，可选购 700~900W 的洗碗机。

第三，要选择使用功能。目前的洗碗机发展日新月异，一些高新技术得到了大量应用，如微电脑控制、气泡脉动水流、双旋转喷臂、传感器检测等，令人眼花缭乱。其实，普通家庭在功能的选择上，只要具备洗、涮、干燥三种功能及自动程序控制就可以了。在一些新功能中，快速洗涤、冲涮、旋转喷刷等也是较实用的。

第四，要选择良好的外观。洗碗机外壳的烤漆应该均匀、光亮、平滑，四周及把手无锋边利角。碗架格拉出要方便、灵活，无卡滞现象。各功能键、按钮开关要灵活，通断良好。通电后，洗碗机的水泵和电动

机要运转自如，且振动要小，噪音要低。操作完毕后，洗碗机应能自动切断电源。

5. 如何选购平板电视

电视机更新换代的速度太快，一般人很难真正分辨出优劣来。平板电视（图146）又分出了液晶和等离子两大阵营。两者各有优缺点，就看如何选择。等离子尺寸是优势、分辨率低是缺陷，基本上无法提供高清视频格式。所谓高清，也只是一个标准，每个国家地区都有可能不同。比如国外的一些国家，当等离子电视达到 1280×720、

图 146

1024×1024 的分辨率即符合高清的标准。而我国规定的高清标准必须是电视垂直、水平清晰度都要大于 720 线，才可认定为高清。普通家庭看 DVD 和收看电视节目没有太多影响。虽然物理分辨率低了一些，但画面的清晰程度一样非常优秀。只是对于观看高清电视来说就显得有些"缩水"了。不过论画面清晰度的话，绝对可以令人接受！但是如果追求高分辨率或者需要使用电视来连接电脑和次时代游戏主机的话，可能 852×480 的分辨率会让您失望。等离子电视的通病，在长时间观看静止画面之后会留下不易消失的残影。而且像素颗粒感严重，画面近看不够细腻。另外需要注意的是，对于等离子来说，如果屏幕中的其中一个像素灯泡坏掉了，将无法维修，液晶也是如此。等离子电视更加适合普通家庭使用。

液晶电视受到了人们的追捧，论尺寸不能和等离子相比，但分辨率是优势。缺点是清晰度、图像过渡差，响应速度慢，对于运动较快的画面会出现拖尾现象也是弊端，高昂的价格也比较让人头疼，不过购买的人群仍然呈上升趋势。

液晶电视是靠液晶的变化来反射光线的通过，从而显示出画面。但是这就牵扯到一个问题，液晶的每次变化都要有一个反应时间，这就是我们所称的响应速度。响应速度长的液晶屏画面延迟也就越明显。坏点、亮点问题较为普遍，选购过程需要非常仔细。因为液晶的像素点相比等离子要小很多。作为电视也不可能贴得很近来看，所以就算是有坏点，

可能也看不到。这样看来，似乎坏点的问题也可以接受。液晶电视容易漏光、动态清晰度差，不过如果对画质的要求并不是那么苛刻,只是看中液晶的绿色环保等方面的话，其实这些问题都是微不足道的。液晶电视还存在对比度低、图像边缘过渡生硬的问题。最后就是价格问题，太昂贵，很多家庭买房装修完后再买液晶大电视就吃力了，等以后降价了再买吧。

6. 如何选购电磁炉

电磁炉（图 147）具有升温快、热效率高、无明火、无烟尘、无有害气体、对周围环境不产生热辐射、体积小巧、安全性好和外观美观等优点，能完成家庭的绝大多数烹饪任务。在国外是必备的厨房电器，在中国还处于普及阶段。电磁炉功率越大，电能转换热能越大且速度越快，但电能消耗也大。功率大的价格也高，平时大功率档用不上也是浪费。一般家庭购买 800W 的电磁炉就能

图 147

满足要求。购买时要检测热能转换情况。当把铁质器皿放在电磁炉上并打开开关后，器皿底部在若干秒后就会有热感。当电磁炉在工作时，炉内除了有降温风扇的正常声响外，电磁炉内的线圈等部位不得有电流交流声和震荡等声响。然后检查自动检测功能是否工作正常。该功能是电磁炉的自动保护功能，对电磁炉来说此功能的作用很重要。购买时，应注意实测。

实测方法

在电磁炉正在工作的状态下移走锅具，或在炉面上放置铁汤勺等不应加热物，按该电磁炉说明书的检测时间要求来观察此功能是否能报警或自动切断电源。看看风扇是否工作平稳。购买时应注意，在电磁炉不工作时，把电磁炉翻过来并将其晃动，风扇的扇叶与轴、轴与轴承间应无间隙、不松动；通电后，电动机应无明显的噪声或摩擦声，扇叶的转动应平稳，无失圆或摇摆旋转等现象。炉面外观应平整和无损伤。现在市场上出售的电磁炉的炉面，大多是由耐热晶化陶瓷制成的。在购买时，要注意炉面的平整度。如炉面有凸、凹或某一侧有倾斜都会影响热效率的正常产生。此外，还要注意电磁炉炉面、侧面、底部等处不可有碰伤或擦伤，装饰图案应清晰，各部位紧固螺丝不可松动。

使用电磁炉时的注意事项

①务必使用铁质、特殊不锈钢或铁瓷的平底锅具，其锅底直径以 12～26cm 为佳。

②不用时请立即关掉电源，以节省电能。

③电磁炉的通风口应离开墙壁 15cm 以上，且不要将异物放进吸气或排气口里。

7. 如何选购电冰箱

首先要看强大的冷冻能力，大容量冰箱（图 148）销量看好。目前，国内市场上冰箱的冷冻能力差别很大，从 18kg 至 25kg 的都有，最好的产品已经达到 22kg，要根据实际情况选购；要看冰箱的保鲜性能，只有将箱体内的温度控制在恒定的低温状态，才能充分抑制微生物和酶的活性，锁住食品的新鲜和营养成分不流失。从市场上电脑温控、电子温控和机械温控三种类型的电冰箱来看，电脑温控冰箱因采用先进的双温双控技术，能精确测定箱体内的实际温度并将信息传送到控制中枢，整个过程实现全电脑化控制，从而真正能够保证冰箱始终保

图 148

持恒定的低温状态。电脑温控冰箱能够保持食物的新鲜和营养。

冰箱有气候类型，宽气候带设计的电冰箱比较适用。只有标明"SN—ST"（亚温—亚热带）气候类型的冰箱才是真正的"宽气候设计"冰箱。

冰箱是一直通电的，低能耗、环保，又经济。冰箱每百升耗电量＝日耗电量／冰箱净容积×100（所得数值越小，越省电）。有些厂家参照先进的欧共体能耗标准，给产品划定能耗级别并在冰箱的门板上贴有相应的节能标签，其中 A 级是最为节能的产品。

冰箱容积在 200L 较为合适。当然，人口较多、经济条件好、住房面积大的家庭，可相应地挑选容积大的冰箱。电冰箱的制冷方式有直冷式

（有霜）和风冷式（无霜）两种。直冷冰箱保鲜、保湿性能好，价格相对便宜些，但需经常除霜，最适合在冬季比较干燥的北方和内陆地区使用；无霜冰箱冷冻室自动除霜，箱体内温度比较均匀，且体积越大，具有的冷量分布均匀、冷冻效果好的优点就越突出，较适合空气湿度较大的沿海、长江沿岸及以南地区使用。值得一提的是，现在市场上出现了一种冷藏室带有风扇的直冷型电冰箱。这种来自欧洲先进的动态冷却技术，既解决了普通直冷电冰箱冷藏室温度不均匀的问题，又有效保证了箱内的湿度，已逐渐成为消费新宠。

其次看冰箱的质量，电冰箱是耐用消费品，所以您应该选择质量可靠的冰箱。目前，随着我国冰箱产品的升级换代，各牌子电冰箱制造质量方面的差异已经很小，在衡量电冰箱质量时，不妨多从技术档次和原材料使用两个角度来考虑。冰箱是制造工艺比较复杂的家用电器，其设计水平和生产工艺对冰箱的质量影响很大，技术起点高的厂家生产的冰箱质量有保证。零部件特别是关键部件的选用对冰箱的使用寿命影响很大，优质冰箱一般选用纯铜管等优质部件，保证制冷系统的寿命和冰箱的防锈能力。

最后看售后服务。一般冰箱都会有一定的返修率，因此选择售后服务好的产品也是十分有必要的。目前国内的冰箱厂家都有自己的一套售后服务标准，不妨从维修费用、保修时限、维修速度、维修服务的全面性以及周到性等实在因素去衡量厂家的售后服务水平。

8. 如何选购洗衣机

滚筒式、波轮式和仿生搓洗式洗衣机（图149）可满足不同偏好的消费者的需求。

滚筒式是由滚筒做正反向转动，衣物利用凸筋举起，依靠引力自由落下，洗净度均匀，损衣率低，衣服不易缠绕，连真丝及羊毛等高档衣服都能洗。滚筒还可对水加温，进一步提高洗涤效果，甚至可不使用衣领净等高腐蚀去污剂，有利于保护衣服。

波轮式则是依靠波轮的

图149

高速运转所产生的涡流冲击衣物，其洗净度比滚筒高 10%，其磨损率也比滚筒高 10%。

仿生搓洗式其综合性能好，洗净均匀性、洗涤时间长短、损衣率、噪声等均介于滚筒与波轮之间。

9. 如何选购电暖器

要根据使用面积选择功率适合的电暖器（图150）。由于家用电表容量一般在 3~10A，最好选功率在 2000W 以下的电暖器，以免功率过大发生断电或其他意外。

图 150

电暖器的升温速度、传热方式、散热面积等直接影响着电暖器的使用效果，同样功率的产品有时热效率会有所不同，选购时可将不同电暖器放在同一位置，在电暖器前后 1m 处放置温度计，分别记录开机前、开机 5 分钟以及开机 30 分钟两只温度计指示的温度，对不同产品记录进行比较，即可选出热效率高的电暖器。有些电暖器除加热以外，还有加湿、抽风、排风、净化空气等附加功能，满足不同的需求。另外，选购时还要看产品安全认证和售后服务。

10. 如何选购空调

①挂壁式空调（图151）：挂壁式空调广受大家欢迎，技术也在不断革新。换气功能是最新运用在挂壁式空调的技术，保证家里有新鲜空气，防止空调病的产生，使用起来更舒适、更合理。此外，静音和节能设计也很重要，能让人安睡到天明。

冷暖型的挂壁式空调，要注意选择制热量大于制冷量的空调，以确保制热效果。如果有电辅热加热功能，就能保证在超低温环境下（最低 -10℃）也能制热（出风口温度40℃）。

②立柜式空调（图152）：要调

图 151

节大范围空间的气温，比如大客厅中立柜式空调最合适。在选择时应注意是否有负离子发送功能，因为负离子能清新空气、保证健康。而有的立柜式空调具有模式锁定功能，运行状况由机主掌握，对商业场所或家中有小孩的家庭会比较有用，可避免不必要的损害。另外，送风范围是否够远够广也很重要。目前立柜式空调送风的最远距离可达 15m，再加上广角送风，可兼顾更大的面积。

图 152

③窗式空调（图 153）：安装方便，价格便宜，适合小房间。在选择时要注意其静音设计，因为窗机通常较分体空调噪音大，所以选择接近分体空调的噪音标准的窗机好一些。现在，除了传统的窗式空调外，还有新颖的款式，比如专为孩子设计的彩色面板儿童机，带有语音提示，既活泼又实用安全，也是不错的选择。

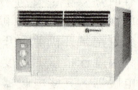

图 153

④一拖多空调：比买台分体空调经济，所以很多家庭会选择它。要注意的是能否冷热量自动均匀分配，避免不同房间的冷热不均。具有大小之分的一拖多，可按房间大小分配使用，大房间用大空调，小房间用小空调，更省电、更经济。

⑤吊顶式空调：创新的空调设计理念。室内机吊装在天花上，四面广角送风，调温迅速，更不会影响室内装修。

还有移动式空调，适用于局部制冷，可使用在厨房、客厅、工地、办公室等许多场合。

以上各种空调还可按调温情况划分

单冷型：仅用于制冷，适用于夏季较暖或冬季供热充足地区。

冷暖型：具有制热、制冷功能，适用于夏季炎热、冬季寒冷地区。

电辅助加热型：电辅助加热功能一般只应用于大功率柜式空调，机身内增加了电辅助加热部件，确保冬季制热强劲。

第三篇
工程施工

四十、如何验房

　　验房是一个很重要的环节，如果这一环节处理得不到位，将对今后的装修及日常生活产生不良的影响。在验房中发现的很多问题都是结构性的以及材料质量问题。现在，业主可以选择专业的验房师进行验房，他们的专业经验可以帮助业主解决好问题。如果业主想自己亲自来验房，那么下面的方法可以作为参考。

　　一般验房有几十个环节，如验门窗、墙、天棚、地面、厨房、厕所、水、电、暖气、管线、涂饰工程、抹灰、滴水线（槽）、饰面板、饰面砖、屋面等。总体来说，验房有以下几个主要步骤。

　　一看。（图154）到了房间先看墙体和屋顶，大多数现代框架结构的房子都存在下沉开裂的现象，开裂有很多的原因。当屋顶上有裂缝时，如果裂缝与横梁平行则基本无碍，如果裂缝与墙角成45°斜角，说明结构有问题。再看承重墙是否有裂缝，如果裂缝贯穿整个墙面，则表明房子存在隐患。还要看房间与阳台的连接处是否有裂缝，如果有，则很有可能是阳台断裂的先兆。另外冬天要看墙面是否有水滴、结雾现象，如果有，说明墙面保温层可能有问题；最后再看一下内墙墙面上及房屋顶部是否有

图 154

麻点。这种麻点专业上称"石灰爆点"，是石灰水没有经过足够时间的熟化所致。如有麻点，对室内装修将带来诸多的不利。最好验房当天带一个照相机，把开裂有问题的地方拍下来，和物业交涉，讨个说法。

二敲。（图155）由于很多建筑是冬季施工的，导致一些墙体的粉层会出现空鼓现象，如果施工方法不当，材料质量不好，都会带来问题，这样就给装修带来了隐患，遇到乳胶漆开裂问题时搞不清到底是开发商的问题，还是漆工的基层没有做好，所以在验房时一定要把责任搞清楚。虽然把每面墙都敲一遍就要花不少时间，但这个过程是必不可少

图 155

的。我有个客户验房时，一下子查出来有二十几处空鼓，光物业整改就花了半个月，墙上全部都是补丁，让人郁闷。

三量。面积结算是验房手续当中比较重要的一项。带上契约或副本，确认售楼契约附图与现实是否一致，结构是否和原设计图相同。契约面积是期房的销售面积，而在工程完工后，开发商还要请测绘单位对已完工的住宅楼进行实测。测绘部门出示的面积实测表，就是开发商和我们要进行面积结算的依据（一般在入住后开发商才请测绘单位对已完工的住宅楼进行实测）。

在利益的驱使下，很多开发商将原本没有或不该列入的建筑列为公摊范围，将测量面积人为加大或调高公摊系数，而这一切普通业主是很难察觉到的，就是发现了也只能认可。

> **记住**
>
> 　要按购房契约约定的面积误差的条款结算面积，如有误差，需要开发商明确处理方法。

一般公摊面积包括电梯间、电梯机房、水箱间、楼梯间、消防控制室、一层门厅及值班室。如果把人防工作间和风井算在内就是不合理的，小区的附属设施和空间是属于全体业主的，如果物业用于商业用途是不允许的，小区业主委员会是民主的体现，一定要维护全体业主的利益。利用社区网络完全可以把业主团结起来，保护自己的合法权益。

四验。在这方面我是行家，每次验房我都会带一个小灯或相位检测器，用来检测所有的插座中电是否到位，火线、地线、零线位置是否正确。再验下水，只要把香烟头扔在马桶里看看是否吸走就知道下水管道是否通畅。如果没有安装洁具，拿个脸盆倒一盆水在地上，看看下水情况就可以了。

验地平（图156）就是测量一下离门口最远的室内地面与门口内地面的水平误差。一般来说，如果差度在2cm左右是正常的，如果超出这个范围就是开发商的责任了。测量方法是将透明水管注满水，先在门口离地面0.5m或1m处画一个标志，随后把水管的水位调至这个标志高度，固定在这个位置。然后把水管的另一端移至离门口最远处的室内。看

图 156

水管在该处的高度，接着再做一个标志。用尺测量一下这个标志的离地高度。这两个高度差就是房屋的水平差。通过这种办法，可以测量出全屋的水平差度。还有一种简便的方法，测量一下房屋的高度，核算出每条对角线的长度差，如果超出几厘米就会给吊顶和地面作业带来麻烦，这属于索赔的范围。

房屋渗水是件头疼的事情，最好是在房子交付前，下大雨后的第二天去视察一下。特别要查看一些墙体是否有水渍，主要看山墙、厨房及卫生间的顶面、外墙等地方，如有水渍，说明有渗漏，务必尽快查明原因。顶层住户更应检查顶层是否渗漏。特别留意厕所顶棚是否有油漆脱落或长霉菌。墙身、墙角接位处有无水渍、裂痕。可以说能保证不渗水的很少，就看如何处理了。

再试试门窗。由于是新房，在门窗轨道里会有一些灰尘和建筑垃圾，所以切不可用蛮力推拉门窗，感觉有阻塞感就要及时排除。我看过很多房子，在卖房子的时候，开发商都信誓旦旦地说自己配的门窗是品牌，质量很好，而到验房的时候，则发现质量实在不敢恭维，尤其是安装质量，由于工人的技术和心态问题导致窗户上还存有毛糙、开启不灵、影

响美观等问题，所以提醒业主眼睛瞪大些，看仔细些，省得入住后不称心。

五审。首先要审核开发商是否具备交付的全部法律文件，必要时可以要求核对相应原件。只有证件（原件）齐全，才能签署收楼单。如果开发商手续不完整，即便该房屋实际上不存在质量问题可以实际居住，也不能视为法律意义上的交付，业主也有权拒绝在相应手续上签字并要求开发商承担逾期交房的违约责任。如果确实被要求收楼，也要在《验房记录表》等相关文件中写明"未见《××××证书》"等字样，并妥善保留好相关文件副本。以南京地区而言，就有十几种文件要保存。

南京地区要保存的文件

①规划部门出具的《南京市建筑工程规划验收合格证》。

②建设主管部门出具的《南京市建设工程竣工验收备案证明书》。表上每一项都必须报主管部门备案，如果缺少任何一项的话，这个楼盘都属于"黑楼"，是不能入住的。

③区级以上质检站核发《房屋质量合格证明》——必须具备。

④开发商提供的房屋《住宅质量保证书》——必须取得，要带走。

⑤开发商提供的《住宅使用说明书》——开发商据此承担保修责任。必须取得，要带走。

⑥房产管理局或区局直属测绘队出具的《竣工实测表》。标明实际建筑面积是多少，分摊多少，什么地方是公用面积。或者由权力部门（如南京市规划国土局地籍测绘大队）出具的正式测绘报告《南京市房屋建筑面积测绘报告》——必须具备，否则至少无法计算实际的公摊面积，也就无法结算最终房款，无法开具正式发票。

⑦卫生防疫部门核发的生活供水系统《用水合格证》。

⑧公安消防部门出具的《建筑工程消防验收意见书》。

⑨民防部门出具的《南京市民防工程竣工验收证书》。

⑩质量技术监督部门出具的《南京市电梯（扶梯）验收结果通知单》。

⑪环保部门出具的《南京市建设工程环保验收合格证》。

⑫燃气主管部门出具的《南京市燃气工程验收证书》。

⑬城建档案部门出具的《南京市工程验收档案认可书》。

⑭管线分布竣工图(水、强电、弱电、结构)——可带走。房屋的设计图纸和水电路图纸，管线如何走，哪些墙可以打，配电箱及配线箱的使用说明等。

验房程序完成确认无问题后才可领取钥匙。领取钥匙后再办理物业费交付手续。在验房过程中发现问题，要以书面形式取得开发商的签字及盖章，并注意保留好证据，在问题未解决前，不要领取钥匙，更不要交物业费，这样就能把主动权控制在自己手上。只要业主签署了房屋交接单，办理了入住手续，那么开发商就会以"业主已经认可"为由，对质量问题拒绝赔偿。业主是弱势群体，千万要仔细，房子是百年大计。

四十一、如何开工交底

当预算确定、合同签好，工人准备进场时，你也要做好相应的准备。

首先，去办物业管理手续，交纳一定的保证金，作出不破坏建筑结构承诺，保证遵守物业管理规定，办理出入证。

然后，检查家中的水、电、气，并抄好度数，因为工人在工地上用电煮饭、洗澡，费用应由乙方出，可很多的公司合同中就明确规定施工期间的水电费用由甲方出，这是不合理的，最起码也应该规定个上限，否则上千元水电费用的都有，最好事先讲清楚。

把家中所有电器的外形尺寸提供给设计师，以便现场放大样，确定插座的位置。

到装饰城购买洁具、龙头等水暖器材。因为一开工布线，开槽就需要这些尺寸。

事先把电热水器和浴霸买回来，因为控制线、控制板要预埋，排风管要安装在天花内，要做好衔接工作才行。

在现场把所有的家具尺寸用粉笔画在地上，以感受空间理念、过道空间的流畅以及生活流程的合理性，并及时作出调整，以免打出来后感觉压抑而后悔。

自己先算一下面积，需要多少瓷地砖，因为让瓦工算，他都往宽处估，其实很多边角料是可以利用的。要尽量减少损耗，正确算出当量，做好决算。

另外，还要和左右邻居打好招呼，装修的扰民问题是很让人烦心的，碰上好说话的还好，碰上刺头，打架、吵架是常事，还是客气点为好，毕竟是你家装修。

最后，当一切准备就绪，挑选一个好日子就可以开工了。作为业主，不管你花多少钱，你实际上是请人帮忙装修房子。在农村里家中会大摆酒席，宴请亲朋好友。而城市里，人情味淡薄，不太注重开工酒，甚至会互相猜忌，成为防范的开始。我认为有好的开端，就有好的过程，有好的过程，才会有好的结果、好的生活开端。大家聚一聚联络感情是一本万利的事。业主可以了解工人的秉性、包工头的品德以及公司的管理水平，工人也会因为得到尊重而尽心尽力。因为大家要相处一段时间，工程质量的好坏都在工人手上，客气点没错。

第一天进场的往往是水电工，要把每个插座的位置定好，每条线路的走向搞清楚。现在的房地产商总结过去的经验教训，往往在地上已经用墨线画好电线的走向，以避免做地板时把电线打断。但如果你对此不加以保护，水电工砸墙、泥瓦匠在地上和水泥，施工过程中墨线就会被擦掉，木工进场时找不到线，就会产生不良后果。所以进场时就应交待清楚，一定要保护好墨线，最好留张草图，以备查询。不可以在要铺地板的房内拌水泥，因为水分散不掉，地板会受潮、变形。现在有些正规的公司已经为此作出了硬性的规定，否则罚款。

工人一进场，你的新居就成了工棚。很多农民工在城里像在农村一样地生活，把工地搞得一塌糊涂，所以许多公司就迎合这种心理，以现场不住宿、不开伙、不抽业主一支烟、不吃业主一口饭来吸引客户，现在大品牌公司都是这样执行的。但让工人住家里也有好处，工序可以连续，而且省时间。我认为可以这样来化解矛盾，对于一般中型公司，水电工都是相对固定的，而且水电工的周期较长，同时可以做几户人家，因此水电工可以租房住。瓦工和木工能同时进场，用一拨人，瓷砖和橱柜可以很好地接口，木工和瓦工是包工制，住现场出活。而漆工最好不要住现场，一方面环保、工序问题，另一方面此时的家中大部分电器已到位，若他们用电炉、电热水器、取暖器等会损坏电路。况且漆工的收入最高，能租得起房，生活也安定。

让电工拉一条 16~20A 的临时电路，用长些的电缆和橡皮接头，供瓦工使用切割机，木工使用多功能机床。注意不能让他们随便乱插，以免把电路烧坏。

把旧马桶拆掉后，厕所里就臭不可闻，还会渗水到楼下，现在正规公司施工都带一只有水封的蹲坑，以绝后患，维护公司的形象，这也是现场管理水平的体现。花不了多少钱。

较正规的装修公司，第一天会派人找水平线，那是吊顶、铺地、做家具的基线，方法是用一根透明水管利用连通器的原理在各处找点、连线。水电工也应以此为标准。

防盗门应该早点装，与内部装修好接口。现在防盗门成了装修公司的广告牌，他们用布做保护套，上面印有公司名称和联系电话，好再接活。要防止陌生人打搅，保护自家的隐私权。

一般开工时装修公司的设计师、项目经理、水电工都会到场，业主这时候也要到场，一是看总体方案中有没有出入的地方，二是现场放大样可以感受到空间的布局，落实具体的装修项目。

1. 确认拆除工程

一般的设计师喜欢大动干戈，拆除很多建筑的结构，搞所谓的效果，提高工程总额，可实际上许多结构是不可以改动的。一些混凝土结构墙是不能任意开槽打洞、拆除的，所以一定要把墙体敲开来看，有没有管线，能不能动结构，才能最终确认拆除工程的具体位置，随之设计方案也会相应地调整。现在物业已经不收装修押金了，要到建筑监测站去报批，交一定的费用后才可以拆除。

2. 确定水电路的走向、位置

这里面就有一个体制的问题。如果找的是外地大公司，他们有企业的内部规范和习惯做法，几乎所有的电路都要改动，重新放线。本来现在的房子对于弱电这块就没有很好的规划，这样一来就要在地上排一大排管子，光是电路改造这一项就要5000元左右，加上水路改造，水电工程的总额会到8000元以上，10 000元也正常。一般的客户是无法知道实际成本的，这就是高风险、高收益，你不得不接受。

如果是中小型公司，他们是按间算账，有多少间算多少钱，这样也有一个倾向，就是施工时尽量少走管线，不作改动，因而功能就无法满足，虽然便宜些，他们还是有赚的，客户还是无法制约他们。

按照我多年监理的经验，我认为有几个原则可以遵行。

①强电一定要到位开发商为了赚钱，一般房子的柜机电源是不会给你放四平方线的，这样如果长期用柜机，就会有不安全的隐患，所以我一般都会重新放置几路大功率的电源，如柜机、电热水器、厨房电器，单独从总电源箱拉出来，这样就可以保证今后家庭用电的需求。

②弱电要考虑周全。现在网络已经普及了，一家有3台电脑也是平常，特别是笔记本电脑最好在餐桌、沙发上都能使用，所以网络线每个房间都应该有。这就需要有网络交换机，算智能居家的范畴。但也没有那么玄乎，只要在弱电箱的旁边放上一个电盒，接上2.5平方的电源，安装个网络交换机（图157）就可以了。

③一般的插座电移位不需要另放线，就近走就可以。不要在吊顶里放太多的电源，1.5mm² 的电源线管和 4mm² 的一样收钱，强电的电管要直径为 20mm 的，弱电管可以用 16mm 的。一定要用质量好的，用脚踩都不会变形。电话线最好不要移位，可以用网线代替，今后可以更换。水路现在都

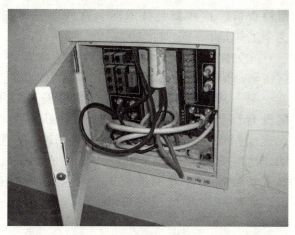

图 157

是用 PP-R 管，完全可以请工人开好槽后让厂家上门安装，既不要你多买材料，也不要你搬运。他们自己带好材料，150 元，起步价，每增加一间加 50 元，这样就可以保证质量了。把水电工程的总额控制在 5000 元左右才是合理的。

④确定家用电器的位置。业主一定要在开工前就把家电的尺寸、位置定好，最好通知安装热水器的师傅上门来定位，他们更加专业些，看看房屋的结构就可以判断出如何安装。最好把电热水器、煤气热水器、浴霸、抽油烟机运到现场，把温控线、排风管交到项目经理手上，好预埋在墙体和天花里面。现在很多房子都是混凝土框架结构，墙体都是煤渣砖，无法承重，安装电热水器时需要安装支架，所以位置一定要确认，否则会有麻烦。

⑤确定打孔的位置。这是个比较头疼的事，物业总是不让任意打洞，可房子设计时本身就有缺陷，不得不想办法解决。各种孔的直径又不尽相同，所以要画好位置，定好直径和走向，尽快解决。

⑥橱柜的设计。现在的家庭基本上都使用整体橱柜，功能很多，牵涉到的家用电器也很多。所以需要专业的橱柜设计师上门来设计、测量，一般是在总案设计的基础上细化功能设计。这就需要业主、装修设计师、橱柜设计师来协调，尤其是水电路设计，一定要他们来定位，所以开工的时候他们都要到场，这样才能防止犯错误。

⑦算瓷砖的当量。开材料单是很细致的工作，只有在现场才能解决，而且有些接口、洁具的安装都要看具体的情况，一点都不能马虎。开工的第一天最好也把浴缸买回来，因为要定位、做下水、校水平、堵漏、

留检查口，这些都是技术活。有的大公司安装材料费就收 400 元，可见这个工作是有一定难度的。

⑧如果是包清工，业主还得提供垃圾袋、水泥、黄沙、胶水等物品，这些全部确认后就可以开工了。

第一天是最重要的，所有的事安排好了，下面就顺利了，如果前期没有预想到一些施工问题，就会积累到工程的后期，造成拖延，进而造成损失。所以要多沟通、多探讨，一旦方案确认后就不要轻易改动，这对业主是很重要的。不能随心所欲，要尊重工人，尊重设计师，尊重帮你家搞装修的所有人，毕竟这是所有人的合作成果，一起吃顿饭，联络一下感情也是好事，因为要相处一段时间，所以还是客气一些为好。

四十二、如何开展拆除工程

开工后首先进行拆除工程。这是由于很多房子的原始结构不合理，不适应家庭内的所有功能，因此，需要进行调整和改造。

然而在实际操作中，并不是所有的墙都能砸，设计师的图纸也有不合理的地方，他们并不清楚具体的管线位置，甚至不知道房屋的建筑结构，很多时候他们为了扩大工程量而任意改动墙体。所以很多的工程就算我事先审核了图纸，在施工的时候，我也是心惊胆战地看着工人用大锤砸墙，那种恐怖的心情，比电视小品《黄大锤》中描写的还要痛苦，根本没有搞笑的成分。你根本不知道一锤砸下去，里面的电线是否会破坏，整个房子会不会带电，水管是否会爆裂，是否会水漫金山，导致楼下要求索赔。因此拆除工程是有风险的。

解决以上问题首先应该把设计图纸交给物业部门审核，有的地方甚至要到房产部门交费报批，在确认没有破坏建筑结构的前提下方能施工。然而很多业主为了自己家的方便，随意地拆除门窗，扩大使用面积，把阳台也算在房间内。而实际上阳台的承重是有限的，窗台和下面的墙体也不是可以任意拆除的。这样的现象导致的不安全因素在家庭装修工程中屡见不鲜，主要是因为业主的认识不足和设计师与家装公司的误导，甚至是风水先生的迷信，这真是建筑师的悲哀。

其次要放大样、定尺寸（图158）。在墙上画出要拆除的区域。工人好照此执行，避免盲目返工。这时候要参照建筑结构图和水电路原始图，砸不掉的地方不能蛮干，如果碰到里面有管线，要及时处理。遗憾的是，拆除工程基本上都是瓦工，或者在外面拉游击队干，他们只知道砸墙，不知道保护，很多工地的水电路破坏后都没有作及时的处理，导致施工隐患，十分危险。

开工的时候一定要到楼上楼下邻居家打招呼，客客气气地说打扰了，而且要工人速战速决，避开人家休息的时间，否则扰民问题就会导致邻里纠纷，后果不堪设想。天天听到头顶上砸墙敲瓷砖的声音是多么的恐怖和讨厌，大家要换位思考。

要准备上百个编织垃圾袋，把所有的垃圾装袋运到小区指定的地点，及时地清理现场。有的装修公司垃圾负责垂直运输，在现场工人

图 158

往往会以堆放点较远为借口要求加钱，业主有心理准备，很多家装公司的工人是不愿意做这种苦活累活的，包工头往往在路上拉几个人当钟点工，干完了拿钱走人，所以在现场一定要防范拆下的钢筋、木门等被他们偷偷地拿出去卖钱。而且家装公司收的拆除费也挺贵，有的客户在小区里自己找人来拆除原来的旧门窗，卖的钱就够拆除费，所以，等应该砸的墙都处理好了，再让家装公司进场。这样就省了一笔钱，也不会给他们机会野蛮装修。

在拆除前一定要把水电的总闸门关好，如果出现了跳闸现象，就说明有漏电短路现象。拆除过程中，项目经理一定要到场监督，及时处理相关事宜，有问题向业主反映，和设计师联系，及时调整方案。

拆除过程中要注意现场的保护，有的地方开门洞的地方一定要有支撑。头顶上的砖头不能松动，敲到下面墙体的垃圾要清除干净，不要形成死角。工具要齐备，露出的钢筋要及时处理，不要伤着人。拆下来的东西要保护好，问清楚如何处理，不要乱扔乱放。

开始砸墙的时候，有的客户喜欢在家里放鞭炮，图个喜庆，关键是有了好的开端。尊重工人的劳动，工程就能顺利开展下去，一切顺利是我们从业人员和业主的共同心愿。

四十三、如何开展水电工程

现在房地产开发商已经考虑到了家庭的基本需要，强弱电基本到位，就是有些弱电线质量不好，剔除后重装就可以了。有特殊要求的，可以根据具体的情况重新布线。

在装饰工程中，水电工程至关重要。在预算时，很多公司的报价是不确定水电工程总费用的。按实际的工程量计算，有的客户在不了解报价的情况下，随意拆改水电，到结算费用时才发现与自己想象的差之甚远，从而引发双方的争执，造成关系僵持，这里面双方都有误区。如果按照房间来算，业主任意扩大工作量，多布线管和增加标准，导致装饰公司成本无法控制。然而按实际工作量来算，工人又会任意布线，甚至为了扩大工作量有意破环原来的线路，要挟业主全部更换管线。所以在水电改造工程中，应该目的明确，最好能够保持原有的管线不动，在交底的时候就把所有的电路都确认好，按图施工，事先确认改造方案，规定走线方向和标准。不能由设计师任意改动，避免工人野蛮施工。

水电路改造图纸确认后，开工前业主要再次确认位置和功能，然后再开槽施工。

水电材料（图 159）进场要验收，看看电气产品是否符合有关标准，有没有质保书。塑料电管用脚踩一下端口，不变形、管壁比较厚的才能使用。有的公司规定了电管的品牌，而管件由项目经理自行采购，那么这些管件的质量也要看清楚是否和电管一个品牌，防止鱼目混珠。

照明用线选用 $1.5mm^2$，插座用线选用 $2.5mm^2$，空调用线不得小于

图 159

4mm²，接线选用绿黄双色线，接开关线（火线）用红、白、黑、紫等任一种。但在同一家装工程中用线的颜色用途应一致。

电气线采用阻燃型暗管铺设，导线在管内不应有接头和扭结。禁止将导线直接埋入抹灰层内。"火线进开关，零线进灯头"，插座接线应符合"左零右火接地在上"的规定。空调及大功率电器如电热水器应单独设管（阻燃管处理），用4mm²的电线。

实际布线时要遵守强电走

真伪 PP-R 管的鉴别

真正的 PP-R 水管应符合标准 ISO/DIS 15874.2—1999《冷热水用塑料管道系统——PP 第二部分管材》，使用寿命均在 50 年以上，而伪 PP-R 管的使用寿命仅为 1～5 年；伪 PP-R 的密度比 PP-R 略大；PP-R 管呈白色亚光或其他色彩的亚光，伪 PP-R 管光泽明亮或彩色鲜艳；PP-R 管完全不透光，伪 PP-R 管轻微透光或半透光；PP-R 管手感柔和，伪 PP-R 管手感光滑；PP-R 管落地声较沉闷，伪 PP-R 管落地声较清脆。一定要辨别清楚。

第三篇 工程施工

上、弱电在下、横平竖直、避免交叉（图 160）、美观实用的原则。开槽深度应保持一致，一般是 PVC 管，直径为 10mm。

图 160

暗线铺设必须配阻燃 PVC 管。插座用 SG20 管，照明用 SG16 管。当管线长度超过 15m 或有两个直角弯时，应增设拉线盒。天棚上的灯具位用拉线盒固定。

PVC 管应用管卡固定。PVC 管接头均用配套接头，用 PVC 胶水粘牢，弯头均用弹簧弯曲。暗盒、拉线盒与 PVC 管固定。PVC 管安装好后统一穿电线，同一回路电线应穿入同一根管内，但管内总根数不应超过 8 根，电线总截面积（包括绝缘外皮）不应超过管内截面积的 40%。

电源线、电视线、电话线不得装入同一个管道内，强电和弱电之间要保持 15mm 的间距，防止信号的干扰。

电源插座底边距地宜为 0.3m，平开关板底边距地宜为 1.3m；挂壁空调插座的高度 1.9m，脱排插座高 2.1m，厨房插座高 0.95m，挂式消毒柜 1.9m，洗衣机 1m，电视机 0.65m。同一室内的电源、电话、电视等插座面板应在同一水平标高上，高差应小于 5mm。

开关插座位置要正确，施工时与标准规范和室内设计方案相对应，尽量少改动、不返工。

水管的安装质量是很关键的，现在提倡水管从天花走，这样可以避免水漫金山，祸及地板和邻里。一定要保护好下水管和地漏，选择品牌水管，由专业安装人员操作，合理地布管，掌控好安装精确度。业主要提供准确的卫生洁具安装图纸，以避免今后安装时出现误差。

如果是家装公司的水电工施工，就要注意以下事项。

首先要看管道排列是否合理，铺设是否牢固，是否横平竖直，开关、阀门安装是否平整、灵活、方便。

然后看给水管道及附件连接是否严密，通水试压确认无渗漏、出水通畅、水表运转正常。一定要确定排水管道畅通、无阻塞、无渗漏，浴缸底部应高于放水道弯，地漏应略低于地面。

很多人忽视下水管的改造，而实际上在装修安装调试的最后阶段，往往是下水的位置不对，下水管的防水层没有做好，地漏口和下水口没有密封处理好导致了渗水、下水不畅等事故，带来了很大的麻烦。这和施工经验与管理水平有关系，一定要防范施工，选择最佳的走向和方案。

很多人家把洗衣机放在阳台，而阳台上是没有做防水的，如果下水处理不好，楼下就遭殃了。我的经验是下水管不能太长，要保证坡度，宁可做地台，也不要把楼板打得很深。刷几刷子防水涂料是不起作用的，要设计得巧妙，业主也要配合，实用功能和施工的可行性要结合起来。

现在有很多造型特殊的洁具安装角阀和落水的位置和传统的洁具不同，有些入墙式的台盆要预埋落水管，位置很精确，要让工人看到样品才好布管。买的高档水槽，配有落水装置，往往很长，和下水管如何衔接也是要实际考虑的，最好使用硬管，这样就是倒开水也不会让管子老化。

总之，水电工程是一个工程的展开阶段，也是关键的环节，技术含量比较高，可以说水电工程的质量就是家庭装饰工程质量的体现。

四十四、如何验收水电工程

水电工程的验收是家装工程的重中之重，也是事故隐患、纠纷比较多的地方，必须严加防范，细心查验，核对好工作量，保存好现场记录。

电路系统的验收，首先看电路的走向，管线铺设是否规范。这里面就牵涉到经济利益问题。如果是按房间数结算，水电工就会想尽办法减少水电管的铺设数量，直接在墙上开横向的电槽，这样就会带来两个后果：一是今后入住了，业主并不知道这个地方有电管，如果正好在这个地方打孔，就会导致事故。二是电工在墙体上开槽后，漆工不可能把这个地方修整得和原来一样，如果从侧面看，就会明显地看到槽沟，影响美观。而且水电工非常不情愿把厨房、空调、电热水器等处换 4mm² 线，这样会导致他们成本上升，我和他们经常发生冲突，都是因为装修公司签约前不出示详细水电图造成的。只有开工后才知道很多地方是不到位的。

现在很多大公司水电工程结算都是按实际工作量算的，就是在开工前预先估计一个工程总额，可到了结算时，5000 元的预算，就会收到上万元，水电工还振振有词地说是按公司的施工规范操作的，原有的水电路无法利用，必须全部更换，否则他们不承担任何责任。实际上，这就是他们的主要利润来源，业主不得不接受。

验收时，业主、水电工、项目经理都必须到场，因为水电工程的验收非常繁琐、复杂，各种管线的收费标准是不同的，相互之间是可以套用的，业主的眼睛要睁大些，看仔细些。

验收过程一般是先测量强弱电管线，测量出实际布线的米数，每个房间累积起来，乘上单价就是实际收的费用。这里面比较扯皮的是开槽的收费标准。一般粉层开槽收的费用低，混凝土开槽收费高，很多工人就说在地面上开槽按照混凝土收费，而实际上地面是楼板的找平层，所以没有钢筋石子，只有圈梁、结构部分才是混凝土结构，因此业主不要被工人蒙住了。这里面出入很大，几个管子在一个槽里，如何计算也有不少的猫腻，一般三根管子可以共用一槽，如果算成三个槽就吃亏了。如果和预算出入太大，和项目经理就有讨价还价的理由，一定要据理力争。

这里面还要注意一点，很多公司在验收水电工程的时候，并不把水电工程总额告诉业主，只是让业主在核定的工作量上签字，而业主并不知道他们如何套用收费标准。所以一定要有知情权，否则到了决算的时候被动。如果发现装修公司在水电阶段就玩猫腻，和预算出入太大，这时终止合同还来得及，千万不要稀里糊涂地签字。

核实了工作量，就应该检查每个电盒的高度、水平度，是否安装好管护口，电线交叉处要加电盒便于维修。弱电管线和强电不能近距离平行，否则会产生信号干扰，强电不能和煤气管交叉。铺设好的电管线要做好固定保护，防止踩踏损坏，产生不安全因素。吊顶内不允许有明线，必须有波纹软管保护。电管内不得穿四根以上的电线，电管的厚度要达标。所有的电线都可以抽动、可以更换，不要破坏建筑结构，避免野蛮施工，保证施工质量。

水管试压一定要保证时间，很多的工人为了省时间，连半个小时都不能保证，而实际上，压力达到6~8个大气压（0.6~0.8MPa）保持40分钟是必需的。在此期间，压力将不低于0.1个大气压。要检查所有的接头和管路。所以保持现场的清洁和干燥是必需的。

所有的项目检查完毕后，就应该要求水电工或者装修公司出示水电路走向位置图。尤其是在没有封管之前要测量出确切的位置和走向。现在很多的水电工是不具备这种绘图能力的，就是完工以后出示的水电路也是走向图，根本没有标注管子距离墙体多远、多高，在哪里交叉、分配以及强弱电分布。这种工作是很细致、很必要的，也是现在很多家装公司应该完善的。

在现阶段家装工程中，水电工程存在很多猫腻，最好的办法是自我保护，用相机拍下水电路场景（图161），了解自

图161

己家的水电路走向，看是否规范。出了问题，也有证据可以分析，维护自己的合法权益。

水电工程质量问题分析

家庭装修中，水电的施工是整个工程的重中之重，许多潜在的问题却为今后的生活留下许多隐患。

常见的问题主要有强电不安全、出现漏电、过载短路事故、电视信号微弱、电话接收干扰等，给正常的生活带来麻烦。

① （图162）主要是线路接头过多及接头处理不当。不用电盒保护转换，一些电工受技术水平限制，对接头的打线、绝缘及防潮处理不好，这样处理很容易发生断路、短路等现象。

② （图163）为降低成本而偷工减料，作隐蔽处理的线路没有套管。

③ （图164）做好的线路后面野蛮施工。墙壁线路被电锤打断、铺装地板时气钉枪打穿了 PVC 线管或护套线等。导致了漏电短路事故。

④ （图165）配电线路不考虑不同规格的电线有不同的额定电流，造成线路本身长期超负荷工作。

⑤ （图166）各种不同的线路走同一线管。如把电视天线、电话线和配电线穿入同一套管，

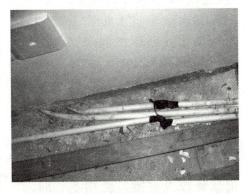

图 162

图 163

图 164

使电视、电话的接收受到干扰。必须一管一线，在交叉处保险的方法是用屏蔽薄膜保护起来。

⑥（图167）电盒质量太差、太薄，强度不够，不安全，要更换品牌厂家生产的合格产品。

⑦水管漏水。如果水管及管件本身没有质量问题，那么冷水管和热水管漏水就是焊接安装问题。冷水管漏水一般是管件和龙头之间没有安装牢固。水管连接处渗水很可能是因为焊接时时间不到，或者打压时，压力太大导致的，必须重新焊接安装。

⑧水流小。水暖施工时，为了把整个线路连接起来，焊接时间过长，导致 PP-R 水管过分融化，就会造成水流截面变小，水流也就小了。

⑨软管爆裂。连接主管到洁具的管路大多使用蛇形软管。如果软管质量低劣或水暖工安装时把软管拧得过紧，使用不长时间就会使软管爆裂。

⑩马桶冲水时溢水。原因是安装马桶时底座凹槽部位没有用专用的马桶密封圈密封，冲水时就会从底座与地面之间的缝隙溢出污水。

⑪洗面盆下水返异味。装修完工的卫生间，面盆位置经常会移到与下水入口相错的地方，买面盆时配带的下水管往往难以直接使用。下水管不做成"S"弯，造成洗面脸与下水管道的直通，异味就从下水道返上来。

⑫安装顺序颠倒。应该先安装浴缸，然后贴瓷砖，工人为了顺手，

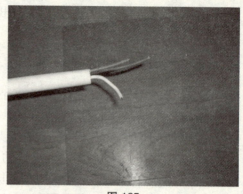

图 165

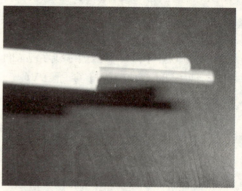

图 166

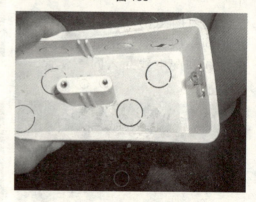

图 167

多贴几个平方，先贴砖，而且立面不平整不垂直，导致了浴缸的缝隙过大，再用水泥和玻璃胶修补，有向下积水的可能，并且影响美观。

⑬（图168）墙体开裂。瓦工比木工后进场，本来是交待瓦工用砖砌墙体，木工用木龙骨和纸面石膏板延伸了墙体，漆工没有作封带处理，导致乳胶漆做好后有裂纹现象。只有从根本上避免工序的颠倒，才能避免这样的问题出现。

⑭（图169）吊顶天花接缝处开裂。一个原因是安装的时候不平整，有变形现象。主要原因是漆工在贴绷带时所用的胶、纸带的质量有问题，冬季施工，几个月后，就出来了起鼓开裂现象，必须铲平重新披腻子，做乳胶漆。

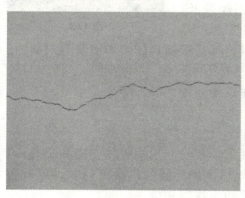

图 168

图 169

⑮涂料和油漆出现流坠现象。轻的如成串泪珠，重的像幕帘，手摸上去有凹凸感，影响美观。原因之一是稀释剂过多，影响了油漆涂料的黏度；二是刷得太厚，图省事，油漆来不及氧化就往下流；三是基层没有处理好，不平整，或者有污迹，油漆不能很好吸附；四是工具不好，刷子太大，毛太长、太软，手势不对，人工技术水平不高导致的。所以在处理这些现象的时候，要逐一排除。

油漆流坠，根据油漆的性能用松节油或稀释剂刷上溶解，如果没有完全干燥，可以铲平重新油漆，如果已经完全干燥，可以用水磨砂纸砂平，补上腻子，重新油漆。避免冬季施工。施工环境的问题应该保持在15~30℃。喷涂时要检查喷嘴孔径，大小要合适，喷涂时和墙体保持适当的距离。按照正确的刷油顺序垂直刷、水平刷、斜向刷、垂直理顺，一遍一遍地刷，才能保证油漆的表面质量。

⑯（图170）实木工艺门的渗色现象。这是一樘工艺实木成品门，

在安装的时候发现木门的表面有透色现象，导致了业主和商家的纠纷。主要原因是枫木颜色较浅，门体集成材的颜色较深，木皮太薄导致的，应该是生产厂家的责任，影响了美观，不得不退货。

四十五、如何做暖通工程

现在很多人家都采用地暖、中央空调、暖气片等暖通设施，增加了固定设施的投资，也提高了生活质量。北方地区暖气片已经普及，地暖也进入寻常人家，然而这些特殊工业产品

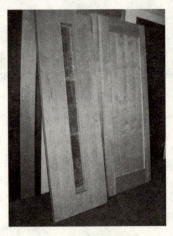

图 170

一个共同的特征就是要重视安装质量，都是根据具体的环境量身定制的，都有一个施工衔接、统一调度、合理安排的问题。而这种技术活，与人打交道，协商出方案决策的事都要在现场处理，很头疼。

先讲地暖的铺设施工流程

与传统的供暖方式比，地热供暖取消了房间里的暖气管道和暖气片，更易于居室的布置与美观。同时，地热供暖比暖气供暖更科学，更节省能源，因此这种采暖方式被越来越多的人认同和接受。

地热铺设前首先要对地面进行平整度测量，平整度误差不大于 5mm 就不作地面找平处理。地面找平处理后，局部的平整度误差不得大于 3mm。然后要对地面湿度进行测量，如果地面湿度大，建议推迟安装期，加防潮垫或作地面防水处理。

然后确定安装方法和计算辅料用量：提出地板的安装走向及踢脚板、推拉门、落地窗、低柜、地台、楼梯等部位的具体安装方法，供业主选择确定。

接着确定锅炉的位置、分水箱的高度和水管走向。锅炉一定要放在通风状态较好的空间，排气管直接排到室外，最好安装挡风罩，以防止强风倒灌。安装锅炉的墙体一定要是实心砖墙或者混凝土结构墙，安装要牢固。

锅炉随机配一个温控器，可以控制送水温度。通常将温控器放在客厅。各房间温度只能靠分水器上每个回路的出水阀门控制水流量来调节。每个房间通常为一个回路，每个回路的地热水管是整根没有接头的，这

地热的铺设要点

地热的铺设成功总厚度 75mm 左右，从毛坯地面往上分别是（图 171）：

①防潮层；

②20mm 聚苯乙烯发泡塑料保温层；

③钢丝网；

④PEX 地热水管；

⑤40mm 现浇水泥层；

⑥地面层（地热专用复合地板、地砖或地板革）。

图 171

样埋在地下才没有后顾之忧。

有的锅炉是分地热和生活热水两套系统独立供水的，其中地热水系统是全封闭的循环系统，平时设在暖气模式下工作，这时也可以用生活热水，但地热供水是优先的，因此生活热水的温度可能会随着地热系统的运转情况而变化，不适合洗浴，但洗手、洗脸、洗菜等很合适。如果要洗澡，则要按下洗浴功能键，此时生活热水供应优先，也就是说，即使此时房间温度低于设定值了，地热热水循环泵也不会启动，以免引起生活热水的温度变化。这些考虑得非常周到，使用起来很方便。

地热地板不宜太厚，太厚导热慢，质量一定要好，确保长时间传热不会变形。脚感要好，踩上去才舒适，一般都使用多层实木地板，这样能保证地热的总体效果。

中央空调的安装方法

首先确定主机的位置。因为主机的体积较大，功率也大，有一定的噪音，所以不能放在卧室附近。主机的位置要选择通风散热良好、便于检修维护处，同时位置要尽量隐蔽，避免影响房子外观和噪音影响室内。

然后确定室内机与风口。要根据实际所需冷热量大小决定型号，每个房间或厅只需要一台室内机或者风口，如果客厅的面积较大或者呈长方形，可以多加一台，以 12m² 需要 1 匹为准。室内机的位置要和室内装修布局协调，一般是暗藏在吊顶内，也可以隐藏在高柜的顶部。最好用超薄型的室内机，只需要大约 25cm 的高度就可以放置。安装时要注意回风良好，使室内空气形成循环，以保证空调效果和空气质量。

接着处理好管路的布置。冷水机组的冷媒管路都比较细，即使外面包上保温层也可以方便地暗藏起来；管路需要全程保温，管件、阀件以及与管路接触的金属配件都要用保温层包裹起来，以防冷凝水滴漏；管路材料一般选用 PP-R 管、PVC-U 管或铝塑复合管，可以保证 50 年不损坏；全部的冷凝水集中或就近隐蔽排放；室内机可根据用户要求增加负离子发生器、净化除尘装置，以进一步提高室内空气质量。

在实际施工中，管路的走向和风机安装的位置以及和装修风格的协调最难处理，家用中央空调实际上是一个"半成品"，因为它要同室内装修协调。家用中央空调的服务，不仅包括售后服务，还包括销售前的咨询、方案设计、安装施工。可以说，要使一套家用中央空调系统能够正常运行，设计、安装、施工的重要性不亚于主机设备。这就需要多沟通、多协调，按科学规律办事，搞出最佳的艺术效果来。千万不要为了装中央空调气派，而把所有空间的吊顶都压低，给人以压抑的感觉，这样极不舒服。

电热地暖也是这些年的家装新宠，有很多的品牌，最大的好处就是施工简单，可依据部分区域控制，可调控温度，方便、升温快，市场很广阔。

安装于室内的电热地暖系统由两部分组成：铺设于地面下的加热暖线、安装于墙面的电子温控开关和地面及室内温度传感器。加热暖线是一种具有一定电阻的导线，外面包有耐热防腐绝缘层，呈 S 形（"之"字形）铺设于地面材料下，通电时，加热暖线会发热，它本身可达到的最高温度为 65℃，可使地面达到 24℃以上的温度。电子温控开关用于控制室内和地面的温度，安装于室内墙面，它可根据设定的温度，自动对暖线通断电，将地面和室内温度保持在设定的温度。地面及室内温度传感器用于感知地面温度，铺设于地下暖线旁，连接到电子温控开关。室内温度传感器用于感知室内温度，安装于电子温控开关内。

所以在安装电热地暖的时候只需要把大功率的电线送到指定的位置，方便开启和控制就行了。这个系统应该是比较安全的。

如果采用暖气片就要选定最佳的安装位置，而且事先要确定散热片的外观尺寸，排好上下水管路，选择的暖气片造型也要和室内设计风格接近，材质也要利于散热、功效好。

可以说今后家用暖通设施越来越普及，所采用的技术越来越先进，所以就需要设计和施工人员提高自己的工科理论水平和专业技能，了解和掌握这些设施的相关技术，这样才能提高服务层次。今后家装工程的技术含量会越来越高。

四十六、如何做防水工程

家庭装修的防水问题涉及的方面很多，名堂也很多，有的装修公司根据业主的心理瞎开价，做的往往也不到位。我在多年的施工中也吃过这方面的苦，防水工程一定要做，但是如何做，如何才能保证真正起到防水作用，里面有很多的技术和材料问题。

现在防水材料有很多，用途不一，价格不一，归纳起来大致有以下几种。

1. 防水剂（图172）

一般是掺在水泥里，地面找平时使用的。对于原有的地面被开槽、建筑防水层被破坏的空间一定要作这方面的处理。

图172

2. 防水膜（图173）

有弹性，如黑色聚氨酯。应用于建筑，味很大，刷在地面和墙上30cm处效果很好，价格便宜。也可以用白色胶状防水膜刷墙，双组份。

3. 堵漏剂（图174）

在地漏附近，浴缸下水周围一定要捂好，否则后患无穷。堵漏王、塑钢土都行。

图173

现在建材市场里防水材料的种类很多，施工方法也不同。很多公司都在实践、摸索，有的是追求防水的效果，有的则是在追求最大的利润，反正谁都怕渗水，哪个业主也不在乎这些小钱，都不敢承担由于渗水而导致的后果。而实际上如果按照每平方米50~80元算，防水工程总额就是上千元，而材料和人工费是花不了多少钱的，用刷子刷刷就行，比贴瓷砖省事多了。

装修用的防水涂料一般都是丙烯酸

图174

类防水涂料构成涂膜防水。防水涂料施工属冷作业，操作简便，劳动强度低。由于防水涂膜一般依靠人工涂布，其厚度很难做到均匀一致，尤其是在墙体破坏部分、结构衔接部分、管道口附近，马虎地刷一遍是起不到防水作用的。

正确的方法应该是瓦工先把管线部分抹平，地面找平，然后再做防水，而且是先做墙面，贴好瓷砖后再做地面防水，以防止防水膜再次被破坏。如果原来的管道口有渗漏现象，还要作局部加强处理，用堵漏王等特殊材料才能解决问题。

在防水工程做完后，封好门口及下水口，在卫生间地面蓄满水达到一定液面高度，并做上记号，24小时内液面若无明显下降，特别是楼下住家的房顶没有发生渗漏，防水就做合格了。如验收不合格，防水工程必须整体重做后，重新进行验收。千万别忽视这一环节。

墙地面铺贴完毕后，更安全的方法是使用 CB 防水剂用小刷对每一个砖缝涂刷，四角边用玻璃胶打封，这样能更好地防止使用水时渗漏下去。有的人家因为买的瓷砖质量不好，结果出现瓷砖吃水出现水斑的现象，用这个方法可以对付一阵子。

几个重要处的防水过程施工

1. 重铺地砖的地面（图 175）

厨卫地面在重新装修时，防水层最易被破坏。装修时要尽量保护好原有的防水层，一旦破坏，必须及时修补，重新做防水层。

2. 与洗浴设施邻近的墙面（图 176）

洗面盆、水槽使用时水会溅到邻近的墙上，如果没有防水层的保护，

图 175

图 176

墙壁容易潮湿、发生霉变。因此在铺墙面瓷砖之前，一定要做好墙面的防水处理。非承重的轻质墙体，至少要做到 1.8 米高，最好整面墙都作防水处理。与淋浴位置邻近的墙面防水也要做到 1.8 米高，与浴缸相邻的墙面防水涂料的高度也应高于浴缸的上沿。

3. 墙面与地面、上下水管与地面的接缝处（图 177）

渗漏多发生在穿过楼层的管根、地漏、卫生洁具及阴阳角等部位，原因是管根、地漏等部位松动、黏结不牢、涂刷不严密或防水层局部损坏及部件搭接长度不够所造成。这些边边角角是最容易出现渗漏的地方，要注意薄弱部位细部节点的施工，防水涂料一定要涂抹到位。管道、地漏等穿越楼板时，其孔洞周边的防水层必须认真施工。上下水管一律要做好水泥护根，从地面起向

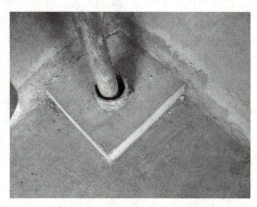

图 177

上刷 10~20cm 的聚氨酯防水涂料，然后在地面再做聚氨酯防水层，加上原防水层，组成复合型防水层，以增强防水性能。

4. 内埋水管的墙壁

在墙体内埋水管，应做大于管径的凹槽，槽内抹灰圆滑，然后在凹槽内刷聚氨酯防水涂料，进行防水处理。

5. 排污口和地漏

厨卫的地面必须坡向地漏口，以使排水流畅、不积水。装修时应尽量避免改动原来的排水和污水管及地漏位置。

可这些工艺流程在很多家装公司和游击队手上是不会严格执行的，只是问一声有没有作过防水处理，看到墙上有涂料就算了。到了真的出事，在处理就非常困难了，损失也是很大的。公装怕火，家装怕水，这一关一定要把握好，不能含糊。

四十七、如何合理配送物资

装修涉及几百种材料，就是请装修公司包工包料，自己还是要买很多东西。地板、洁具、瓷地砖、橱柜、五金、灯具、电器等都要花很多

的时间。如果是装修公司包办材料，那么就存在很多偷工减料的隐患，如标准的水泥与黄沙比例下调，木工板的厚度变薄、线条变窄，油漆量减少等时有发生。为了避免这样的隐患，业主不妨亲自到大型的建材超市购买，既环保又有质量保证，而且还有良好的售后服务。

不同的材料要到不同的地方选购，这样可以货比三家。不过这也就存在了一个物流配送的概念。想把上吨重、上百种材料一起抬上楼，运到现场可不是件轻松的事情，一定要统筹安排、合理装载、精打细算、科学调度才能完成。业主在装修期间最大的工作量就是采购材料，就算是有私家车也要疲于奔命，往返于郊区的各大装饰材料市场，有时候还会做无用功，劳民伤财。因此，事先的市场调研就显得犹为重要。

如果是包清工，工人进场收拾妥当后就要进材料了。

水电材料不多，一辆三轮车就可以把电线、电管、水管、管件拖来。这些材料最好在建材超市买，可以放心质量，而且可以退换货。购买时一定要注意发票上面的限定日期，发生问题及时退换。而买瓦工、木工材料才是大头，是件苦差事。水泥、黄沙最好在附近的小区购买，因为要运上楼，需要搬运工，这些小店一般都有这样的配套服务，但是要注意水泥、黄沙的质量，看好标号和品牌。

现在一般瓷地砖都是甲方供应，若由装修公司供应，他会加 5% 的损耗，再加上管理费、税金，并不比装饰城的便宜。实际上损耗没那么大，一般放一两个平方的余量就可以了，补可以控制，退就麻烦了。补货时只要没有色差，不搞乱序号就行，另外要把包装盒留好。

进木工主材是最辛苦的，事先你得看好材料、谈好价钱，即使这样买的时候还会有纠纷，你一定要有思想准备。因为木材大部分是个体经营的，他们用鬼尺、怪计算机等作弊的手法对付你的砍价。你问多少钱一个立方，他告诉你 800 元或 1000 元，你还价 600 元，谈一定程度时，他就会说这个价位你只能按顺序拿，不得挑选。量的时候，他的尺子比标准的尺子短，你若用自己的尺子量，他就不卖了。计尺寸、数量时也有猫腻，他的单子夹在硬板上，夹子里就可能有几行字，你一般发觉不了，多算几块，你不核对数量与单价，就给他蒙了。甚至他们的计算机也有鬼，$2 \times 2 = 5$，你根本不会想到高科技用到这个上面。当你数好、量好、算好时还得防他的另一手，板子的厚度，一般 4.5cm 的板材是按 5cm 算账的，现在板子越开越薄，老板的心也越来越黑、越来越凶，你要带上一瓶矿泉水慢慢和他磨，千万不要被他们气得吐血。保重身体，你的装修之路长着呢。

当你买材料的时候会有一群人围着你，主动帮你搬木料，讲哪家的材料好。你千万不要和他们纠缠，否则会付出代价的。这样你就处于两难境地，带你的工人去，一转身，他去拿回扣。让别人搬，宰你没商量。我的观点是，让自己的工人去挣点外快钱，他好好给你干就行，不然你肯定受外人欺负。

搬运时最好找搬家公司，他们在同行的激烈竞争中形成行规，起步价是多少、上楼时加多少都有明价。你只要给他们买点矿泉水，盒饭之类的他们就会为你卖力的干，搬建材比搬家累。否则在街上拉的农民工会把你晾在楼下，不加钱不干，你一人是对付不了那些流民的。搬家公司的工人真能驮，看他们汗流浃背的像蚂蚁一样真辛苦。若是让你的木工去搬运材料是不合算的。他们的工价高，而且吃不了这个苦，搬完就没劲干活了。

买板材也是麻烦事，在弥漫着刺鼻熏眼甲醛气体的大厅里，你不知买那种材料好，产地、价位、品牌、质量等复杂得很。以我的经验来讲，60元以下的细木工板就不能用了，甲醛肯定超标，不能贪便宜，而且现在的门套都用细木工板，那么薄的杨木芯的细木工板，怎能吃住门的重量，用三个铰链也不行。我们每次都买性价比好的材料，如双面柳桉面柳桉芯的板材，100元左右的板材，这样才能环保，否则使用杀毒剂也无济于事。

油漆材料也是重中之重，最好买品牌的，不要完全相信油漆工说的，自己估计出需要油漆的面积，然后让超市的业务员帮你计算，这里面有很大的出入。其他辅材也是要多少买多少，尽量减少浪费。

一家装修材料的运输费天天累计也是很庞大的（图178），城市越来越大，房子位置越来越偏，当然运输的成本就比较高，上千元是正常的，请把这一项支出也列入预算清单中，否则只会心疼打的费，花钱像流水。

图178

四十八、如何处理施工衔接问题

我监理的几个工地，由于前期工作做得比较充分，方案调整得及时，进展都很顺利。然而也出现了一些问题，这些问题都是有共性的，需要我出面协调、解决。大致有以下几点。

1. 打洞问题

由于现在的开发商为了争取利益，会把阳台封闭算套内面积，这样厨房、卫生间的格局就要发生变动，许多管线问题就要自己解决。而物业公司为了自己方便处处制约，搞得业主伤透脑筋。

有时为了扩大厨房间和餐厅的面积，不得不把阳台的窗户封闭一扇，用来砌墙挂油烟机。可物业又不允许在梁上打洞（大于 15cm），

图 179

确实也不安全，只得在玻璃上打洞。墙排式燃气热水器的排气孔不允许排入烟道，一定要排到室外，因此不得不在梁上打两个洞（6.8cm）才能解决问题。

浴霸的洞也要自己打，一定要在梁上开孔，否则吊顶太低了，一般打 10.5cm。有时空调的洞留得也不是很舒服，要重新打。施工时交代工人打洞要倾斜些，防止雨水倒灌。还有的房间需要打斜孔用于走空调管线，这些都需要根据实际情况定位、交代。一进场就需要处理这方面的问题，保证在瓦工贴瓷砖之前解决。一般是找在小区外等候的工人打，也有的物业会推荐，根据洞的大小价格不一，一般是 20 元左右。打洞（图 179）时最好业主在现场，要接水接电，注意安全。

2. 煤气管道问题 （配图 180）

现在家家户户都要装燃气热水器，使用时方便。可安装时就出现了一系列的问题，首先要布管道，

图 180

燃气热水器的安装部门要求用镀锌管，用麻丝白厚漆做。而现在的装修工人已经不用龙门钳现场套丝了，他们就推托是煤气公司的事，而煤气公司是官商，登记了要半个月才能移位，200元一家，并且不接燃气热水器管子。

如果请装修公司安装被煤气公司知道了，会罚他们的款，这个问题就成了三不管的老大难问题。这种情况下，我往往都是和水电工私下协调，给他几十元钱，算做是业主家请他们帮忙干私活，如果煤气公司罚款，由业主处理，工人只要保证不漏气就行了。现在很多人家都使用黄色的铝塑管，两边用铜接头，这样最大的好处就是没有接头的隐患，好操作。而燃气热水器的公司要求用镀锌管，我也认为用六分镀锌管规范、安全，操作时最好从天花里面走，这样煤气里的水分不会沉淀在管子里而发生堵塞现象。

3. 配大理石问题

在瓦工和木工进场之前最好把窗台、过门石配好，这样好接口。大理石的窗台（图181）比人造石的便宜且档次高、漂亮，但运输及安装比较麻烦。一般情况下业主先确认材质和价位，然后量尺寸、定磨边的式样及铺贴方式，然后安装。一般选择白色、黄色、黑色，这些颜色环保。另外，过门石要解决高低差的问题，事先要好好设计、测量。

4. 各工种协调问题

由于现阶段家装工程的盲目性、随意性比较大，图纸本身不够完善，在施工中又不断地调整、变更，所以开工交底不到位，工人调度不过来从而产生不良的现象。如木工不把吊顶做好，顶部电源就无法布线。瓦工没有结束，木工就把门套做好，结果地面的积水渗透到门套基层（图182），刷油漆时就带来后患。水电工不把线草粉平，瓦工不把接口处理好，都让油漆工不能保证施工质量，这些问题需要及时发现和处理。

图181

被水浸泡

图182

四十九、如何开展瓦工工程

瓦工工程也是家装工程比较重要的一个环节。由于瓦工又脏又累，工资又不高，所以现在即使是农村的年轻人也不愿意干这行，这样一来瓦工就比较难找，有些装修公司人手不够，就出现木工先进场的情况，这样会导致一些接口问题。能碰上一个好的瓦工师傅是不容易的。

第一件事是验瓷砖（图183）。先看瓷砖的平整度、尺寸大小及吸水率。因为瓷砖质量的好坏也决定了铺设质量的高低，要分清楚是哪方面的原因。

图 183

验瓷砖的方法

把两块瓷砖釉面对釉面竖立着放在平整的大地砖上面，用指甲摸边缘有没有尺寸的误差。然后捏四个角，看看有没有间隙，以检查瓷砖表面的平整度。再用清水滴在瓷砖的背面，看看是否迅速吸干。吸水率比较小的瓷砖质量比较好，可避免把水泥里的水分吸干，而导致空鼓、脱落现象。

最好看看大部分包装箱内有没有破损，保留纸箱上的色号、货号和编号，瓷地砖退换货是避免不了的。业主还应该在每一种类型的瓷砖上标注清楚是哪个区域用砖，横贴还是竖贴，腰线在哪个位置，花砖放在哪里，有没有色差，声音是否清脆等，这些都不能马虎，否则就会留下遗憾。

每一个老师傅的习惯贴法都是不一样的，水平高、事先设计好的就美观、节约，这里面要考虑的因素比较多，主要是窗台的位置和高低、吊顶的高度、家电和五金水暖的位置。尤其要考虑与其他空间的衔接接口问题，一定要多协商，找出最佳的方案。

贴瓷砖的注意事项

①墙体要打毛，增大接触面，表面要清理干净，尤其是阳台的墙体，要用锤子敲出凹槽，才能贴瓷砖。

②瓷地砖要用清水浸泡阴干2小时以上，以砖体不冒泡为准。用多少泡多少，否则控制不了用量，不好退换货。

③随时检查水平度和垂直度，尤其是在管柱、阴阳角接口处。

④讲究铺贴的顺序，一般墙砖的最下一排是留在最后贴的，这是由于卫生间厨房的地砖需要有1%的坡度。贴好地砖以后再贴墙砖，这叫天盖地，比较美观。

⑤一面墙要分几次贴完，以防止瓷砖自重太大而产生移位、坍塌等事故。在安装电热水器的位置，瓷砖要贴高些，最好到顶，便于电热水器挂钩的安装。

⑥遇角时应采用45°割角处理，要检查切割机是否完好，不要出现崩瓷、不平整的现象，腰线的下沿应为窗口的上沿，要根据具体的情况及业主自己的喜好，确定施工方案。

⑦墙砖铺贴完后3~5天再打眼施工，而且要确定那里没有水电管，以防事故发生。"干铺"地砖后隔天再上人施工。如果现场有人住，就要搭跳板分区域铺设，最好在木工、漆工完工以后再铺设厅里的大地砖，这样就不会造成污染及破损。

⑧事先要确定好地板的高度，如果是铺复合地板，就会出现外面地面的高度比卫生间厨房高的现象，这时就需要用门槛石过渡，这些因素都应该事先考虑好，以保证工程的质量。

⑨最好到交工的时候再涂填缝剂，否则容易弄脏。可以选择黏合剂，施工简单、用量小、强度高，尤其对石材不会产生透色污染现象，已经大面积推广。也可以考虑使用高档的无缝砖。

⑩窗台、阳台等处大理石的铺设是个比较难处理的问题，如何铺设才能达到好的效果，要看具体的情况。

⑪做好现场保护工作，最好不要在准备铺设木地板的房间和水泥，这样地面有水分以后会让地板、木楞变形。要好好保护卫生间和厨房的瓷地砖，搞好卫生，必要处要用保护膜覆盖。

瓦工工程是面子工程，也是衡量家装工程质量的重要标志，人为的因素很多，现场管理更重要。业主上万元的投资都花在了这个阶段，而且那些老师傅的劳动强度很大，现场作业条件很差，还存在一定的风险，所得也有限。所以我对于那些劳动人民是尊重的，也希望业主对他们客气些，给他们生活上一些关怀，这样他们才会干得更卖力。

五十、如何验收瓦工工程

瓦工一般不一次性做完，这是因为一般瓷砖都要退换货，和其他区域接口处会丢几块砖，安装工程时会出现破裂现场，后期瓷砖也会被污染，最后完工时，还需要把填缝剂做到位。所以竣工验收时要格外仔细。

首先检查瓷地砖的水平度和垂直度（图184）。对于客厅这样的大空间，要用水平尺检查平整度，在房间的对角，根据水平基准线看看有没有误差，以防止工人任意操作。

拿一盆清水倒在卫生间的门口，看水是否迅速流到地漏里，地漏里有没有杂物、是否通畅。在墙角处用毛巾擦干，看看有没有地下水渗出，用小锤敲敲瓷地砖有没有空鼓现象，找

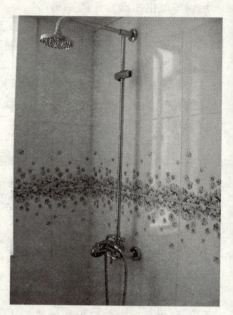

图184

不到小锤，用钥匙的后面敲也能试出哪个地方空鼓。有了空鼓，如果这个地方要安装五金件、家用电器，电锤一打，就会破裂，而且和地面会产生间隙、脱落等现象发生，这是瓦工验收的一个重要步骤。

图185

然后要看看色差（图185）。有些瓷砖在贴的时候无法看出色差，可过了一段时间就能看出来了，这主要是因为瓷砖的瓷面比较薄，吸水率不一致，要让厂家处理。如果施工不当也会导致色差，如泡瓷砖的水有污染、包装箱的颜色沁入瓷砖、在瓷砖上弄上水泥、没有及时处理等，造成这些现象后，就不得不重新铺设。

把原来的瓷砖錾掉是非常困难的，要用切割机大致地切除，然后用冲击钻磨出的小錾子一点一点去除，不注意还会连带到旁边的瓷砖，非常麻烦，存在一定的风险。

现在厨房、卫生间有很多的管柱（图186），需要包起来，处理方法很多，有用砖砌、木龙骨上面贴水泥做成压力板，或直接用橱柜板、金属板包。我认为最好是用砖头砌，木龙骨有易腐、易燃、怕水、施工麻烦的问题，但是在厨房的门头，往往就需要在木基层上蒙钢丝网，用水泥或者玻璃胶贴瓷砖了。

图 186

由于这些管柱而产生了很多的阴阳角，工人一般都是凭经验、感觉贴，竣工验收的时候就要仔细观察垂直度、45度角是否有误差、瓷砖有无崩瓷现象、和管道口吻合的是否合适、会不会导致油烟倒灌等问题。

检查完质量，就要核定工作量了。每一个装修公司的工作量算法都不相同，有的面积包括门窗，有的在实际面积上乘以损耗系数，有的把对角的地方另外算，还有甚者，瓷砖45°对角，要按两片瓷砖翻倍的方式算工作量。算出来的工作量，甚至大于业主买瓷砖的当量。本来墙已经很平整了，可工人一定要再找平，多收费。一般业主在签合同时是不知道这些猫腻的。

作为业主的顾问和监理，每次在瓦工验收时我都是非常认真的。虽然很繁琐，当着双方的面，实事求是地协调具体问题，如果是工人技术水平、工作态度问题，要追究他们的责任。如果是装修公司现场管理不到位，那么就要在阶段验收报告上如实说明。如果是业主太过挑剔，无法容忍小的失误，那也要做好解释，这是手工劳动，不可能十全十美，要尊重工人的劳动。这样就能使工程顺利的进行下去，有一个好的合作基础。

瓦工工程常见的质量问题

1. 地面、墙面空鼓

在验房的时候经常会看见墙面或者地面补了一个个疤（图187），这是建筑施工的时候由于工期、材料配方和施工方法不当导致的，这在房地产泡沫阶段司空见惯。可是如果不及时发现和补救，装修完毕，很快就会出现裂纹及脱落，这样建筑和装饰就说不清是谁的责任了。如果空鼓的面积不大于 $0.1m^2$，就不需要处理，如果比较大，就一定要处理。

处理的方法是，将空鼓处铲除，扩大些面积，把基层凿毛，清理干净后重新涂抹。如果是局部空鼓，就把空鼓部分敲去，凿成方形或圆形，用水冲干净，最好两次修补。

图 187

2. 面层裂缝

这也是个很麻烦的事情，主要原因为：

一是地面下沉。现在很多高层住宅都建造在农田池塘里，我就看过一个楼盘普遍出现开裂现象（图188），那就是地基的问题。

二是水泥的质量问题。很多水泥刚刚出窑就倒在楼盘上，各种水泥的标号不一样，收缩系数也不一样，如果在施工中没有好好养护，水泥砂浆的比例不当，墙体开裂是普遍现象。

三是结构问题。现在很多的楼盘都是砖混框架结构，如果用轻质砖、空心砖砌墙，在房梁和墙体的结合处是很容易出现裂缝的。

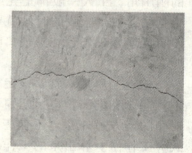

图 188

处理方法一般都是在做墙面乳胶期工程的时候，用白的确良布或者弹性绷带处理。在做装修工程的时候，就要事先处理好这些问题。

3. 地砖空鼓现象

地砖空鼓（图189）的原因主要是因为没有贴牢，由于地面没有清理干净，水泥砂

图 189

浆比例不对，水泥太少了，地砖没有泡透，还有可能是因为地砖没有干透就有人踩上去干活，工人住在现场周转不过来。

处理方法：把空鼓的地砖挑出来，如果没有干透，可以清除原有的水泥砂浆后晾干，用107胶加水加水泥按1:4:10的比例调好，重新铺设。如果已经黏合，就要用切割机把内侧边缘切下来，然后用小凿子一点一点剔除剩余部分，操作时要非常小心，以免连带其他的地砖崩瓷。

4. 墙面砖空鼓现象

墙面空鼓（图190）几乎无法避免，主要原因是现在的墙砖越来越大，都是无缝砖，对于墙体的平整度、垂直度要求非常高。要想把30cm×60cm的瓷砖每个角、每个面都抹平是很难的，而且很少的水泥能从缝隙中挤出，靠压紧也不能避免空鼓，完完全全要靠经验、耐心和技术。另外，墙砖浸泡时间少于2小时、水泥质量不好、和好的水泥放的时间太长导致干掉也能导致空鼓现象发生。

墙面砖空鼓的处理方法和地面空鼓方法一样，只要不是存心偷工减料，一个面上有一两块局部空鼓的瓷砖是可以接受的，东西是人做出来的，不能太挑剔。

5. 墙面砖出现渗漏现象

有一个客户买了特价砖，贴上去淋浴时就发现瓷砖边缘有渗漏现象（图191）。这和外墙砖渗漏现象不一样，如果外墙砖没贴好，雨水就会渗进室内，所以是材料和铺贴的方法问题。这种现象主要是由于买的砖陶的成分太多、不防水，就是用胶性填缝剂也不可能完全解决问题。所以在购买瓷砖的时候就要判断瓷砖的质量，如果使用在厨房中不直接淋浴问题不大，如果是用在主卫生间，就不要省这个钱。

图190

图191

6. 瓷砖对角处崩瓷，不平整

这主要是因为瓦工的切割机已经磨损，旋转摆动，手无法控制造成的（图192）。对 45°角完完全全是技术，瓦工工程的质量就看这些包柱的处理，如果发现不理想，赶快换工人、换工具，否则一块瓷砖就 10~20 块，既浪费了材料，又影响了美观。

7. 窗台渗水

这是由于安装窗户密封不严导致的渗漏现象（图193），比较难处理。即使后期装修作了窗套，一样会发生霉变、变形的现象。所以在装修之前就要和物业交涉好，在外墙面重新做防水密封处理，直到完全没有渗漏现象后再装修。

图 192

8. 窗台渗水

这是安装窗台的工人没有做好防水处理而导致的渗漏现象（图194）。一般在安装窗台大理石台面的时候，水泥里面应该掺胶水，做好之后边上也应该打玻璃胶密封，马虎不得。

图 193

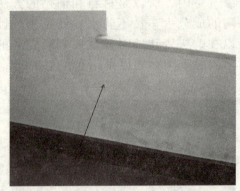

图 194

9. 窗下开裂

这是严重的建筑质量问题，窗下开裂（图195）主要是由于建筑下沉、窗台墙体变形、粉层材料差、工艺不合格等原因造成的，必须重新铲除墙体，再做粉层。用纸绷带重点处理，才能避免装修后再出现裂纹。

10. 过期玻璃胶

这是施工中人为造成的，天价的房子，开发商竟然让工人使用这样劣质的玻璃胶（图196），根本起不到密封的作用，这样的工程质量真是到了要索赔的地步。

玻璃胶过期

| 图 195 | 图 196 |

11. 阳台地面开裂

这样大面积的龟裂（图197）能通过质检部门的验收，简直是笑话。很明显这是水泥质量和施工的问题，没有养护好、沙子过细、含泥量太高、砂浆水灰比过大、搅拌不均匀、不适当地掺入防水剂或减水剂以及赶工等都是开裂的原因，不要指望贴地砖时补救，必须全部铲除后再装修。

12. 阳台顶渗漏

这是楼上阳台没有作防水层，

图 197

长期积水导致的渗漏现象（图 198），一定要请物业协调，从根本上解决楼上防水层的问题，方可进行吊顶施工。

13. 窗台石材污染

在施工中，工人现场管理不当，把油污和化学试剂弄在颜色比较浅的大理石上（图 199），很难处理，导致纠纷，无法完工。千万不要用强酸或强碱液清洗，而要分析原因，采取适当的措施处理，挽回损失。如果是油墨污染，将 250g 氯化钠融入 25L 水中，过滤后再放 24%乙酸，用软布压在污染处吸取油墨。用 84 消毒液也能清理一些污迹，双氧水、漂白剂都可以试试。不过，最好是加强现场的保护，不允许工人在窗台上放工具及餐具、杂物等。

图 198

图 199

14. 玻璃马赛克脱落

现在很多设计师为了提高装修的档次，大力推荐新型时尚建材，效果有了，可工人不知道如何施工，包工头不愿意用几十块钱一袋的专用黏合剂。就是用了，调制的方法不当，粘贴时厚度不够，没有保护好，就导致了很多处脱落，惨不忍睹（图 200）。大面积重贴不可能，只能掉一块用玻璃胶补一块。这主要是施工方法不当导致的。

图 200

15. 石材接口处理不当

一般酒店高档装修才会用大理石的门套，那些线条都是按图纸定制的，非常讲究细节，安装特点仔细，光滑美观。这种直接用大理石侧面做门边线的设计方法就是错误的，应该有专用的门贴脸石条，用机器专门磨出线型，然后对 45°角安装整合，是很考究的。在我们建筑上叫做"破活"（图 201）。

16. 门槛石接口不当

门槛石安装是家庭装修的一个难点，现在很多装修公司工人调度不灵，工序颠倒，木工先施工，门套到底，然后瓦工贴地砖弄湿，最后再配门槛石，这样就导致门槛石安装时很难把基层弄平，高度和间隙都难控制。正确的方法应该是在瓦工贴完面砖，有了门槛的确切尺寸后，就配置安装门槛，然后再木工施工门套，最后贴外面地砖或地板，要计算预留好间隙和高度。

这块门槛石就是基层没有垫平（图 202），工人马上走上去，或者有重物压断了，这样的工程是不应该验收合格的。

图 201

图 202

五十一、如何开展木工工程

木工进场是家装主体工程的展开（图 203），是整个工程效果的实现，施工质量的重要环节，也是最容易发生纠纷的阶段。

首先是设计师交底。那些画在纸上的示意图往往和实际情况有误差，要向工人交代清楚是什么样的结构、如何实现。而且业主往往没有空间

图 203

理念，不知道做出来的效果是什么样子的、尺度如何，这就需要及时发现问题，找出解决的方案。

最好先在地上放大样，尤其是艺术吊顶，每一个人的心理空间和感受都不一样，画在地上，业主就理解了空间概念，只要业主认可，施工时就不会有麻烦。不是业主签了字，就按图施工了，一定要和业主好好沟通，提高设计师的设计水平，积累施工经验。

然后是验收材料。木工材料是大头，一些资金周转不灵的小公司往往就是让项目经理自己到大市场赊欠，把经营的风险转嫁到包工头身上，这样的模式怎么验收，材料都不会好。即使合同上约定了木工板品牌，可同样的品牌有不同的等级、不同的厚度及不同的质量标准，往往是防不胜防的。

环保是个重要的指标，一般的家庭是不可能都用仪器检测的。但是人的嗅觉还是能够判断甲醛是否超标。如果在近处感到眼睛有些辣，有福尔马林的味道，那就不是好东西。有些人只注意木工板，其实多层胶合板才是污染大户，甚至有些地板公司用的劣质板材垫地板楞，那个污染才叫大呢。

地龙骨最好用烘干的落叶松，买回来的木材上面往往有黑糊糊烘干的痕迹，可是现在那些小作坊，是不会在大型烘房里烘上半个月的，里面往往都是湿的，大的木板材买来后就要锯开风干，防止变形、扭曲。

花色面板一进来就要用油漆刷一遍，防止被弄脏，而且要预先挑色，不能光看是否是约定的品牌，还要看基材、厚度和材质，杨木芯和柳桉芯的板材价格相差很大，差的板材会起鼓、透色、有色差，效果不好。

一般木工进场，先找房子的基准线，用水平管确定，在这个水平线上，确定吊顶的高度、门窗的高度以及地板的厚度，这是验收的一个基准。

正确的顺序一般是先做天花，后做家具、门窗套，再做地板。

因为天花里往往有灯具，电工等着排线。所以木龙骨做好以后，一定要刷防火涂料，电线也不能裸露，一定要用蛇形软管保护起来，每一个分叉点要有分电合和电管护口，安全第一。

图204

吊顶的吊筋距离墙边不得大于300mm，石膏板要用黑色沉头自攻螺丝固定，进入板面1~2mm，并作防锈处理，不能用枪钉。石膏板钉子之间的距离不得大于200mm，石膏板要与墙有3mm的缝，以便进行防裂处理，石膏板阳角处作阳角条保护。

房门最好买现成的套装门（图204），美观、污染小，减少工作量，安装方便。关于门的选择和工艺，将在下节中详细分析。

考虑到设计师的设计水平、工人的制作水平、工期和污染等问题，家具艺术造型尽量少做，简装修、重装饰的时代已经到来。

五十二、如何验收木工工程

木装修是家庭装修工程的主体部分，主要的艺术效果、空间造型、实用功能都是通过这一过程展现出来的，所以施工质量的好坏决定了整个工程的最终效果。

验收时首先看用材，用手摸木楞是否有湿气，细木工板内的间隙是否超标，用材是否规整，表面是否起鼓变型，有没有把横向的板材用于承重的结构中。尤其是看木线条，木线条是木装修中价值比较高的部分，木制品的质量往往就是看木线条的材质、颜色和做工。这里面有很多的讲究。

房门套的木线条一般都是用5cm宽的实木线条，业主在签订合同的时候往往不太注重线条厚度的约定，实际上门边线如果太薄了就会变形，强度不够，影响整体效果。

现在很多的木线条都是人工合成或染色的，和实木的价格相差比较大，一般人很难分辨出来，所以在做门套的时候，最好把木线条挑好，让业主确认，质量差一些的放在门背后，门的三边木线条要一样宽，不要让工人任意把线条锯窄，影响美观，这也是木装修档次的标准。

所有的橱门和抽屉都需要用木线条收边，这是细心活，一定要细心加耐心，完全看木工师傅的手艺。45°角要对得吻合精确，木线条的侧边和面板要光滑平整手感好，不允许刨子把切面板的表面划破，露出基层，靠漆工修补是无法达到一样的效果的。

在木工工程的整体效果上，一般看以下几点

①是否横平竖直。在做一些大型家具的时候，每一个角都得测量是否为直角，用尺子量对角线，看看是否有误差，因为现在很多的衣橱都是安装移门，如果家具打得不规范，在安装门的时候就会出现误差，很难处理，影响美观。

②拼花造型是否有色差、间隙。有些木装修的效果是靠各种板材材质的对比以及几何图形的变化来实现的。尤其切面板是天然材，每一棵树的花纹都不一样，同一批板子也有色差，如果工人不注意，赶工的话，做出来的效果就受影响。一点都不能马虎。

③看制作工艺。现在的电动工具都是工人自己买的，投资较大，每个工程下来都有工具损耗，让他们更换是很难的。这就带来了问题，时间长了气钉枪的头就会变形，气泵的压力就会减小，导致钉眼变大，气钉没有完全打在木制品里，给油漆工带来麻烦，也影响整体效果。

④看五金件。这种工作的难度也是比较大的，每一个抽屉都要检查是否开启灵活，有没有杂音，最好是里面有东西，在负载的情况下，运作状态如何才是真实的。移门不光要看是否开启灵活，还要看安装的质量，是否可以拆下来维修，两面门关闭时，尺寸是否一样平齐。所有的门铰链、家具铰链强度是否可靠，工人有没有图省事少拧螺丝。房门的锁具和把手安装的位置是否合适，开启是否灵活等。

⑤看木制品的配合情况。一般木门距边框的间隙1～2cm，门下的间隙为3～5cm。这就需要预先知道地板的厚度、整个地面的高度，算得不好，就要把门锯短，破坏门的结构和强度，或者太大了，不隔音，都是影响装修质量的原因。

⑥看踢脚线、阴角线和木墙裙。这些都是人视线看得到的地方，所以如果处理得不好，也影响美观。关键是看接口对得是否平滑、细致、无色差，木线条处理得是否得当，一定要业主认可才能交工。

木工工程常见问题分析及解决方案

1. 实木地板问题

家庭装修实木地板是个大头，动不动就得上万，由于业主对地板材料性能了解的不多，工人铺设不当，材料商和装修公司由于利益的驱动偷工减料，以及在装修工程中由于实木地板的质量问题和铺设、施工问题等所导致的纠纷和投诉有很高的几率。大致分析起来有以下几个原因。

①材料问题：有些年轻人喜欢时尚，在挑选地板的时候喜欢那些颜色很浅的木材，这些木材的材质比较疏松，很容易变形，当时看样品时是看不出来的，等安装后出现起拱、变形现象，就不得不接受现实了。很深颜色的地板也容易出现色差的问题，如果整个空间有几块地板看不顺眼是很难受的。

②辅料问题：很多人不怎么关心辅料，其实里面的讲究很多。如果地板木楞材质松软、含水率高，木地板的钉子吃不牢，这样就必然会出现地板有声响、表面不平整的现象。一定要采用含水率在8%～12%的云杉、红松等优质木材，严格地进行烘干处理和防腐防虫处理，才能保证地板铺设的质量。

③施工问题：木地板的施工是很有技术性的，首先要进行地面的处理，遗憾的是很多装修公司在瓦工施工的时候，在房间内和水泥砂浆，工人吃住在现场，地面经常积水，这样在安装木地板的时候，水分就无法散发出去，导致了地板木楞的变形和木地板的变形。安装工人的施工方法和钉子也是一个原因，钉长应为板厚的2～2.5倍，从侧面斜向钉入板中，钉头不要露出板面，木板层面与墙之间应留出10～20mm的缝隙，用踢脚线封盖。在铺设地板的时候地面要有防潮垫，基层要找平，要留对流通风孔，地板之间的缝隙不能大于0.3mm，这样才能保证实木地板的铺设质量。

2. 木工材料的问题

木工工程是装修工程的主体，占很大一部分材料款，业主往往没有办法真正制约装修公司和包工头，只能凭他们的良心给你上什么样的档次材料。就是你合同上事先约定了品牌，而实际操作中各种材料是有等级的，木工板的厚度都是有差异的。

①如图205所示，这个做木吊顶的木楞，就是柴禾棍，根本没有达到标准的尺度，做吊顶的木楞最小应为2.5cm×2.5cm，上面要刷防火涂料，才能保证强度和安全。

②如图 206 所示，这个细木工板的表面不平整，有明显的凹槽，如果上面直接贴宝利纸，就能明显看出来，这是细木工板的表层不符合质量标准。

③如图 207 所示，这批细木工板，侧面有变型现象，主要是由于材质问题，柳桉芯的和杨木芯的握钉程度就有很大的不同，如果做门套，上门铰链就应该用双层细木工板柳桉芯的，方能保证门不下垂、门套不松动。

④如图 208 所示，这个门套线和地面有很大的间隙，主要是由于木工和瓦工的工序颠倒，木工已经把门套打好，没有算准地面的高度，瓦工贴地砖时，就形成了间隙，用白水泥补也很难看。

⑤如图 209 中柜体发霉，主要由于墙体还没有干透，木工为了抢工期，就先做柜子，时间长了，水分无法散发，就导致了发霉现象，必须开天窗透气才行。

⑥如图 210 所示，这个柜体和顶面的间隙过大，施工太粗糙，不能靠漆工后期补救，应该重新修补。

⑦如图 211 所示，这是明显的蹭皮现象，原因是木工在修边的时候没有控制好工作

图 205

图 206

图 207

图 208

图 209

图 210

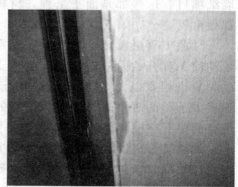

图 211

量，把侧面的切面板表层刨掉了，漆工做油漆的时候是无法修补的，木工必须承担一定的责任。

⑧如图 212 所示，这种用两层木工板和切面板现场胶合在一起的门，做法有很多弊端，没有实木收边，门的强度就受影响，有变形的可能，切面板时间长了就会起翘，影响美观。而且现场大量使用黏合剂，也带来了不环保的因素，所以大力提倡买成品门，促进工业化生产。

图 212

五十三、如何开展油漆工程

油漆工程是有季节性的，太热了、太冷了以及南方的梅雨季节都不适合，而且农民工家庭观念较重，要过各种节，还要农忙，这就导致油漆工不是常年有活干，流动性比较强，加上油漆对身体有害，技术性较强，劳动强度较大，所以要找到好的油漆工很不容易，把油漆工程做好更是难上加难。

油漆工程一般包括顶墙面乳胶漆项目、门窗家具地板油漆项目以及墙纸项目。这些都是面子工程，材料的选择、工艺的流程和质量的控制都很重要。

油漆工程最重要的是环保，通常人们在装修前期控制不住预算，到了油漆工程开始阶段就已经开始超支了，而且油漆材料环保品牌和普通品牌价格相差很大。另外，有些油漆工又会在油漆材料中做手脚，"狸猫换太子"的现象时有发生（把好的油漆装在塑料袋里带走用在其他工地，而留下空桶装差的材料），一定要警惕这些猫腻。

油漆又分混油和清油。混油可以覆盖木材的纹路、表面，可以带色，也可以喷涂。清油又分酚醛清漆、硝基清漆以及聚酯清漆，化学功能不同，用途也不一样。

刷混油是工艺性、技术性很强的施工项目，首先要注意基层的处理，清除杂物，局部要用腻子嵌补，处理好那些节疤、洞眼和不平整处，等干透后再用砂纸抹平，注意要顺着木纹理的方向打磨。在上油漆之前，还要用漆片或者底漆把表面封底，以提高基层与面层的黏合力，做到不吐色，在经过近 10 道工序后，最后一道面漆要达到与涂刷面的颜色一致、无刷痕、不起泡、不流坠、不渗色才算合格。

清油是家庭装修油漆工程的主要施工工序，能够在改变木材颜色的基础上保持木材原有的花纹，虽然工艺比较复杂，但却起了保护木制品、美化环境的作用。

刷油漆时，对环境的要求很高，要彻底清扫，不能和其他工种交叉，现场最好不吃住，室内温度要在 5℃ 以上，要有良好的采光通风条件且没有灰尘。

首先要基层处理。补钉眼是个细心活，可以用色粉调成与切面板相似的腻子，也可以选择大型建材超市里进口的色精，颜色非常接近色板，而且化学性能稳定。

刷第一遍漆的时候，清漆里面可以掺些稀释剂，便于油漆快干，要求涂刷的漆膜均匀，不漏不流，等漆膜完全硬化后再用砂纸打磨、擦净，然后再上第二遍漆，进行三遍后看看手感和效果如何，到位了再用水砂纸打磨退光、打蜡、擦亮，业主验收认可。

刷乳胶漆是最赚钱，也是最难做的。原因是面积大、空间造型复杂、墙上开的管线槽较多，而且石膏板的缝隙难处理，另外墙体易开裂。

施工前先处理基层，用防锈漆补石膏板上的钉眼，在石膏板的接缝处，用强化纸带或者玻璃纤维网带贴在接口处，然后上腻子砂平，两边平整后再刷乳胶漆。

在处理墙面的时候，要把原来的墙皮铲平，露出基层，再刷腻子，要求不起皮、不粉化、无裂纹、结实牢固。

要在墙面上刷乳胶底漆，作用是对墙体进行封闭，抵抗墙体渗出的碱性物质，提高基层的强度，增加乳胶漆的附着度、丰满度。这道工序是必不可少的，也是偷工减料最常发生的环节。

墙纸的铺设也是个技术活，要准备一个大的容器和干净的毛巾，墙体要处理干净平整，刷上酚醛清漆封底。墙纸的背面均匀地刷上墙纸胶，各幅墙纸拼接处的花纹和图案要吻合，避免有缝隙、不搭配，影响美观。发现有气泡，要用刀片划开、压平，再往里面灌注些胶液就可以了。

油漆工程的注意事项

①油漆的施工条件必须在产品要求的室内温度内施工。不同的产品对于温度的要求是不同的，在产品包装或者说明书中可以查阅到。一定要买优质环保的产品。

②必须保证第一遍工序干透后再进行第二遍工序。

③如果使用同一种基质的油漆，千万不要把不同类别的油漆混用，以免发生不良反应。

④施工时，保持室内的通风，做好安全措施，例如戴防护口罩等，以防发生中毒事件。

⑤使用天那水等具有一定腐蚀性的漆种时，要戴好胶质手套，注意禁止用明火、禁止抽烟。

⑥避免在高潮湿或高寒的情况下强行施工，实在要抢工期，也要采取保暖或降温措施。

⑦天花吊顶或者木隔板有缝隙需要进行掩饰处理的，可用原子灰进行处理，再贴上优质防裂胶带；墙面的裂缝可刮开裂缝填入石膏进行处理，再贴上优质防裂胶带。然后再进行面层的油漆处理。

在做油漆工程时，业主往往已经身心疲惫，所有的东西都成型了（图213），不满意的地方也出来了，这个时期是最容易发生矛盾的阶段。一定要实事求是，按标准流程验收，将装修进行到底。

图213

五十四、如何验收油漆工程

油漆工程的验收（图214）是家装工程最复杂、最难处理、矛盾最多的重要环节。牵涉到的细节很多，材料工艺手艺成本等各种原因都会对最终效果产生一定的影响。验收难点是无法量化，无法检测，凭手感，靠目测，依赖感觉往往达不成共识，除了一些明显的失误，很多猫腻和隐患外行人是无法看出来的，内行人就是看出来，也无法确认，更无法纠正，这就是油漆工程的特殊性。

先从乳胶漆的验收开始：

判定乳胶漆墙面施工效果的优劣首先看表面效果，要保证大面积

图214

色彩一致，涂层的均匀度好。尤其是彩色漆，如果乳胶漆的施工方法不当，乳胶漆刷得不够厚，都会出现透底不均匀现象，要避免这种现象，就尽量不要用深色的乳胶漆，越深越难施工。其次要看耐擦洗性。优质的乳胶漆墙面可用湿毛巾擦拭而不掉粉，这是衡量乳胶漆寿命长短的重要指标。目前乳胶漆施工手段非常落后，一般采用毛刷和滚筒施工。而且装修公司漆工的工具是自己买，滚筒刷子的质量好坏直接影响到效果，由此而产生刷痕、脱毛、不均匀现象，甚至还会把有光乳胶墙面变为无光。如果出现墙面粉化这一严重现象，产生的主要原因是过度稀释。由于乳胶漆的黏度较高，落后的手工涂刷较难刷开且刷痕明显，因此不得不加水稀释。一般乳胶漆能稀释 10%～30%，而游击队或包工头稀释可高达 60%～100%。这就出现明明桶上的说明书只够刷 150m²，结果整个家 250m² 只用了一桶乳胶漆，业主要看清楚些，不要给说明糊弄了。更恶劣的是掺假，为防止过度稀释产生流挂现象，有些漆工往往会向乳胶漆里加入 107 胶水。导致墙面质量下降，附着力、耐擦洗性、质感均受到极大的破坏。严重的甚至是亚光涂料变成阴白涂料、低光变成无光、高光变成低光的效果。如果 107 胶里甲醛含量超标，甚至会带来污染，一定要严加追究，严惩不贷。

我监理过很多工地，乳胶漆的质量受材料和人工的制约，是纠纷的主要原因。我比较提倡产业化、职业化，乳胶漆完全可以用机器喷，高压无气喷涂机能够雾化高黏度的乳胶漆，表面均匀，漆膜饱满，整体效果好，有的品牌厂家甚至推出免费喷涂服务，很多客户反映良好，整体效果佳。这是家装工程的进步。

墙面开裂是乳胶漆工程验收时经常遇到的问题。主要原因是房屋保温层有裂缝，导致装修后墙面开裂，这和楼层沉降有关。属于物业整修的范围，等沉降到一定程度后再整改。

开裂的另一个原因是墙面开槽后修补涂刷不当，水泥的配比不准确，导致墙面收缩出现裂纹。现在很多电工都用切割机开槽，这样过于直的切痕是不可能修补成同原墙体一样的，如果后期漆工修补不当，一定会开裂。弥补的方法是所有开槽的地方都贴纸绷带，或白的确良布，这样才能保证在质保期内不开裂。墙面腻子的配比不当或者是刮抹不均匀、乳胶漆和水的配比不合适等不规范的操作都会导致墙面开裂。要具体的情况具体对待。

油漆是装修中非常常见的项目，在业界中甚至有"三分木工七分漆"之说，可见油漆工艺在装修中的地位非常重要。

再谈油漆工艺的验收

首先，应前后左右检查应该刷油漆的各处细节是否都刷到位了。有的漆工怕麻烦，不把门和家具拆下来油漆，结果门的顶端、家具的隐蔽部分就没有做到位，要补刷。

其次，看油漆的颜色是否不一致，厚薄是否均匀，有无返白，光洁度怎样，漆面有无起泡、起皱或夹杂毛的现象。油灰补的钉眼、木缝是否与板面色泽接近，近看家具，利用漆面对光线的反射原理，可分段仔细的观察油漆工艺情况。好的亚光漆工艺，从侧面检查时，看到的应是大小、范围、形状都基本固定的一堆光影，光面漆则更明显。

油漆的质量问题主要集中地以下几个方面。

①漆工责任心不强，出现漏刷、少刷遍数等现象。油漆工程一定要严格执行，一遍一遍不得马虎，要杜绝工人不严格执行规范的现象。偷工减料是普遍现象，要加强管理。

②辅材不到位，工具不得力，影响施工质量。油漆工和其他的工种不同，少了一张砂纸，小筒不够，都会导致工作进展不顺利。而且辅材的名目繁多，很讲究，一般的项目经理如果考虑成本，就不会供应足够的耗材。就是业主包清工想买最好的材料，由于工地一般都在郊区，买东西不方便，业主也搞不清楚。另外，同样是调色的色精，就有很多的品牌，很多的使用方法，都直接影响到油漆的视觉效果。

③油漆表面出现流坠、裹楞，刷纹明显、粗糙、皱纹等现象。主要是由于漆料太稀、漆膜太厚或环境温度高、油漆干性慢、操作顺序和手法不当等原因造成的。每次都要把相应合适的刷子用稀料泡软后才能使用。要保证工地的清洁。出现皱纹的主要是漆质不好、兑配不均匀、溶剂挥发快或催干剂过多等原因造成。

④五金污染。防止五金污染除了操作要细致认真外，宜将门锁、拉手、插销等五金后装（但可以事先把位置和门锁孔眼钻好），确保五金洁净。很多工地木工用的万能胶溢出在家具上没有及时处理，如果直接刷油漆就会产生不上漆的现象，所以在开始刷油漆前先要用溶剂清理这些地方，这个工作是很必要的。

最后谈谈油漆工程的当量测量

现在很多家装公司的收费标准都很笼统地讲按实际结算，而实际测量油漆，乳胶漆的面积是件非常麻烦的事，而且花样很多。这要看如何对他们有利。有的是把门的面积展开，两面算，然后再加损耗。有的是把窗户、门的面积一起算在乳胶漆的面积中，理由是保护门窗的工作量最大，最好家里没有门窗就好了，甚至连百叶也要展开来算面积，让你不得不接受。油漆工程是家装公司的主要利润来源。

我的经验就是实事求是，寸土必争，量墙面的面积，请扣掉地板踢脚线的高度，按实际面积结算，门窗已经算过油漆钱了，乳胶漆就应该扣除面积。一些小的造型比较麻烦的地方，按项目算，这样工人也不吃亏。

五十五、如何安装楼梯

楼梯的安装是家装（图 215）工程的难点和重点，虽然很多的楼梯都是由专业厂家安装的，但在进行安装的过程中协调装修公司的各工种同安装工配合是非常麻烦的。

首先，由于楼梯都是在后场制作的，这样组件到了现场就有个安装拼合的过程，由于楼梯设计师也有经验不足的时候，测量不仔细的概率很大，加上房子也不一定垂直水平，所以在安装的时候肯定会出现误差，

图 215

而且可能返工不止一次，业主和工程管理人员一定要有心理准备，不是花高价买来的楼梯就一定高标准、高精度。很多时候安装工的技术水平决定了你家楼梯安装的质量，尤其是转角、插口部分，毛毛拉拉、坑坑洼洼、歪七扭八都是可能的。

其次，由于装修公司工人都是各自为阵，怕麻烦，拣容易的活干，往往楼梯口瓦工的基层、木工的接口、漆工的表面都没有处理好，到了安装的时候，这些矛盾都暴露出来了，而那些包工头就是夹着个包跟业主要工程款，碰到这些棘手的问题往往推脱责任。楼梯安装工为了赶工时，也不管三七二十一就糊弄，安装出来的楼梯让人看不顺眼，业主不满意。

一般来说，设计安装楼梯时要讲究一个"顺"字，即顺风顺水。楼梯起着承上启下的作用，上口下口在哪，怎么上楼梯，如何转弯，到了阁楼会不会碰头，这些只有到了现场才能感受到。还要考虑到家具能否搬得上楼，不要到了后来拆楼梯就麻烦了。

木质的楼梯（图216）给人温暖踏实的感觉，安装时注意预留一定的膨胀空间。以防止踏板变形开裂。如果要拆除原来的楼板就要和物业沟通，一般的复式和跃层住宅中的楼梯是可以拆除改造的，而单体制和错层式住宅中的楼梯则不能随意拆掉改建。但无论是何种住宅结构，在拆掉原有建筑构件时都应首先与物业部门打好招呼、然后与厂家沟通，在安装楼梯前，最好在整体装修之前就要与楼梯设计师进行楼梯初步方案的交流和询价，这一点非常重要，因为楼梯要与整体装修相协调，从款

图 216

式、材质到坡度等，都要提前考虑，千万别认为楼梯到装修即将结束时再装就可以了。另外，厂家一般还会有 20～30 天的生产周期。在测量与设计阶段工程师或装修设计师上门测量，采集所有楼梯洞口的技术数据。如果选用成品楼梯，厂家的设计师应与装修公司的设计师进行现场沟通，以确定最佳方案，然后由设计师出平面图和彩色效果图。

在最终确认了楼梯的设计方案后，消费者可与厂家签订订单确认书，付预付款。工程完工后再付尾款，可有些品牌的厂家店大欺客，要求一次性付款，这样业主的利益就很难保障。

高档次的成品楼梯一般都呈部件化，可在家里现场装配完工。工厂化加工的楼梯不但保证了质量，造型也更加丰富，而且施工安装更加快速、方便。只要在室内设计初始就选定楼梯款式，确定楼洞开口，就可以放心地按装修计划进行，直到墙面都粉饰好后才进行楼梯安装。这种安装只需两个工人，少则几小时，多则 3 天就可以完成。对于成品楼梯，厂家安装后，应提供售后服务卡、产品合格证及使用说明书，还有许多厂家会赠送配套的工具，以便今后在日常中方便使用。

安装楼梯时要注意楼梯的下方有没有水电线路，有些工地没有事先协调好，等安装楼梯时一打固定螺丝孔的时候就碰到水管，水漫金山，碰到电管，全部熄火。同时还有承重问题，楼梯要直接固定在楼板上，而不是地板木楞上。另外，地面的厚度也是楼梯设计师必须考虑的因素。

最后是墙面的固定问题。安装的时候，乳胶漆的基层已经搞好，看不出来哪里有电管以及楼梯的照明灯位置，搞不好就把电管打破了，或者楼梯装上去后发现灯线的位置不对，这些都是由于当初设计时没有考虑周到。尤其是断面的封口，要做得完美无瑕是很困难的。

五十六、如何安装地板

在安装地板的时候，业主一定要到场，因为有的人喜欢大花，有的人喜欢直纹，最好把大部分地板铺在地面上，发现有色差、节疤、不理想的板材就及时更换，否则工人不会管那么多。

地板和地板之间要有一定的间隙（图 217），有的工人用扑克牌，有的用包装带检测，这样就不会因为天气潮湿地板膨胀带来整体地板隆起的问题了。

在墙边要留有伸缩缝（图 218），用踢脚线盖住，要节约材料，两头和床底下的地板都可以用稍微有些色差的。在地板底下最好撒些防虫剂

图 217　　　　　　　　　　　　图 218

或防腐剂，民间撒些花椒也行。

工人在施工的时候，一直要有人在上面踩动，发现地板有声响要及时处理，如果全部铺完，就无法改动了，损失会很大。

复合地板和多层实木地板的铺设比较简单，地面上清理干净后，铺上防潮膜就可以施工了。有的家庭因为需要把地面垫高和地砖水平，使用铺垫宝，这样脚感会好些，铺垫宝的厚度不一样价格也不一样。如果地面上有很多的管线，用铺垫宝就不需要在楼板上开槽，破坏楼板的安全了。

安装复合地板要注意材料的套用，工人是按面积算工钱的，有些板材可以用在边角或者不起眼的地方，工人往往会浪费材料，得紧盯着点。用的辅材、胶水也要注意，质量相差很大。

踢脚线（图 219）是个比较重要的环节，就像人穿了高档的皮鞋要配黑色袜子那样，配踢脚线也很有讲究，虽然 PVC 材料的踢脚线价廉物美，可我更喜欢用木制的，和地板的颜色相近且质量好的，哪怕用白色的也能保证整体效果的协调。

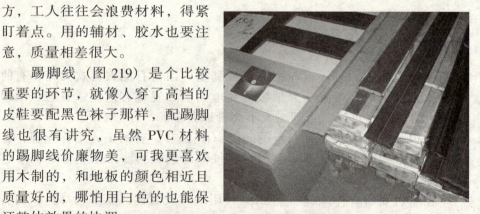

图 219

地板出现色差的原因

①板材生长的位置。靠近树梢的地方颜色浅、重量轻，靠近树皮的地方颜色浅、重量轻，靠近树心的地方颜色深、重量大。

②地板的开板方向不同（如有些地板是径切而成，有些是弦切而成）。加工出来后地板纹理不一致，不同木纹的两块地板放一块视觉上会出现色差，这时就需要安装工人精心调配。

③木头是多孔性材料，不同部位的材质疏密不同，各部位吸引光线和油漆的程度也不同，这就是为什么同一块地板上两边的颜色会出现深浅不同和纹理吸附的颜色深浅不一致的原因（如果一块地板上出现两种不同的颜色就属于品质的问题了）。

总体来说，花纹大而粗的木种色差较大，纹理小且细腻的木种色差较小。纹理大而粗的地板铺装整体感觉粗犷、自然，具有野性之美；纹理小且细腻的地板清爽、干净。但没有绝对的好与坏，应根据居室的风格选择。

现在地板基本上都是实行"厂家铺装"。地板是厂家生产的，"习性"自然厂家最了解。由他们派人负责安装，安装工能针对不同材质地板的特性、不同季节、不同的铺设条件（如楼层高度、地面含水率）等采取相应的铺装方案。专业铺设人员在施工中如发现不合格或有瑕疵的地板，还可及时调换处理。对于有色差的材种，完全可采用事先预铺的办法，做好颜色过渡，使有色差的实木地板通过合理铺装，充分展现自然、和谐、舒适的美感。

地板安装变形的原因

就是专业工人安装也会出现实木地板变形现象。受潮是主要的原因，比如在黄梅季节施工，地坪没干透，用水泥加固龙骨；龙骨、毛地板太湿；使用水性胶水，如白乳胶。这些都会造成地板变形。另外，如果是一楼等潮湿环境未作特别的防潮处理，地板变形也是可能的。

此外，产品本身及施工不当也会造成起拱。例如干燥处理不当、养生不足、含水率太低、背槽太浅、施工中伸缩缝未留足、铺设太紧等。铺设后要注意保养，使用中忌用水冲洗，避免长时间的日晒、空调连续直吹，窗口处防止雨淋，避免硬物碰撞摩擦。为保护地板，在漆面上可以打蜡（从保护地板的角度看，打蜡比涂漆效果更好）。

五十七、如何安装和调试设施

最后的水电安装工程往往是价值最高、风险最大的环节，技术含量很高，工艺也复杂，一定要小心谨慎、多观察，多动脑筋，认真负责地完成最后的工序。

安装电源插头要遵循左零右相，保护地线在上的原则。一般红色的电线是火线，蓝色电线是零线，双色线是地线，接线头剥离要规范，安装要牢固。电盒中不要留过多的线，盖板要平整，不要弄脏。为了防止儿童触电，最好采用有保险挡片的安全插座。所有的地线一定要接好，不能同煤气管、水管并联导致埋下隐患。

现在家庭弱电系统比较复杂，一般的电工没有专用工具是无法接电脑、电视和音响插头的。所以在买弱电箱的时候，就应该问清楚如何接入电源、如何安装。一般的家装公司是不管接头的，只管线路的通顺，这样就带来了麻烦，得请人来装电视、电脑和音响的插头。希望装修公司能够提供这方面的服务，这也是家装系统工程的一部分。

灯具的安装最麻烦。现在的吊顶结构很复杂，里面有筒灯、射灯、T4、T5、日光灯，各有各的功能，回路控制开关复杂，有的时候电工自己都会忘记。装灯的前提是安全、美观、实用。现在的客厅吸顶灯都很复杂庞大，一定要安装牢固，绝对不能用木塞，一定要使用膨胀螺丝或者预埋吊钩，金属的灯具外壳要考虑接地，保证安全。

另外，要先看清楚安装图（图220），找到所有的构件，最好业主在场，指定安装的位置，看看灯具拼装得是否正确。灯泡不能太大，装灯的时候工人要带上白手套，防止把灯具弄脏。

卫生洁具的安装是个重要环节，现在的卫生洁具品种繁多、造型复杂，安装也各不相同。那些高档的按摩浴缸、自动喷淋系统，要把说明书看懂都很困难，要安装不出问题就更不容易了。

一般的台盆高度在 800 ~ 840mm 左右，如果是安装大理石台面，底下要有板材衬垫，加固

图220

后才能安装台面和台盆。如果墙体是空心砖，用膨胀螺丝可能打在孔内，不起作用，要用不小于 6mm 的镀锌开脚螺栓固定托架。另外，下水要通畅，不得有渗水现象。

浴缸的高度 380～430mm，瓦工砌台子的时候就留好了检查孔，浴缸的排水有很多种，安装最省事的是塑料的软管。可一般浴缸安装好后，是很少更换排水管的，排水管出问题，倒霉的是楼下和自己家，最好买紫铜的蛇形管和配件接头，这样就可以保证安装的质量，防止出现渗水事故。

浴缸龙头的高度一般比台面高 15cm，在业主认为合适的地方固定插座。按摩浴缸的电源插头一定要插在安全电源插座上，装满水以后再试行运作。浴缸平面要用水平尺校正，一切安装完毕后，浴缸中放 1/3 水，放置半天，看看有无渗漏现场，检查下水是否通畅，和墙体交界处打上防霉玻璃胶，干透后再交付使用。

马桶的安装是最考究的，理想的座便器高度应该在 360～410mm 左右，角阀的位置高出地面 25cm，距座便器的中心为 15cm。固定水箱和座便器的时候一定要保证强度，使用软性垫片，污水管要高出地面 1cm，一定要用质量好的法兰盘固定在污水管周围，防止臭气的溢出及下水的溢流，不能用水泥砂浆安装座便器的脚部和填充部分，这样会导致座便器炸裂。

安装玻璃淋浴房，由于比较重，所以要看墙体是否能够承受。如果是玻璃隔断，就要看看墙体是否垂直，否则移门关上的时候会出现缝隙。底盆安装的时候要有倾斜度，便于排水。

在安装这些设施的时候都要注意水电路管线的位置，否则很容易出现事故，水电无情，无法挽救。这不仅仅是水电工的事情，项目经理也一定要到场，那么重要的设施，运输到位都是困难的事，零配件不齐也是常有的事，出现意想不到的问题都需要协调处理。这些是衡量一个工程是否成功的关键。

家用电器一般是厂家安装。最后要调试总的负荷，看是否合理，会不会超载，先让冷热水系统运作起来，看看所有的水龙头有没有渗水现象，下水是否通畅，有没有异味倒灌现象，所有的电插座是否能正常使用，所有的灯具、所有的控制开关是否正确到位，若一切正常，水电工程就可以交付使用了。

五十八、如何总验收

经历了一段时间的艰难装修过程，新居终于可以交付使用了，在和装修公司最后决算的时候，自己也要作相关的准备，超预算的事情经常发生，扫尾的事宜也要落实。要善始善终。

首先要装修公司提供水电路图，要标注好总电源箱上每个开关是控制哪路电器，是否正常工作。看看水表是不是空转，如果是里面有空气偶尔转动可以忽略，但是如果一直旋转，就要看哪里有漏水情况发生了。使用水盆、龙头一段时间后，就可以发现哪些地方安装有问题，尤其是下水，一定要用玻璃胶打好，防止水外溢。

打开橱柜，闻一闻有没有气味。在煤气表附近，最好不要使用明插座。电烤箱等用电量大的电器，也要看看周围的橱柜体是否距离太近，要有一定的间隙。如果抽油烟机的管道安装固定得不好，就会产生噪音，发生油烟倒灌的情况，要及时发现和解决。

测量已经完成的工作量，核实具体的工程项目。这种工作量较大、很烦琐，最好拿一张纸，把每个房间的当量统计出来，不满意的地方和需要整改的项目都一一列出，让相关人员落实，如果造成损失的，要追究责任，作出赔偿。尤其是工期，一定要按合同办。

所有工程结束后，就可以做保洁工作了，这是一项非常艰巨辛苦的工作，现在一般都是由专业的保洁公司承担。当然，在操作工程中也要防止出现损坏设施、工作不到位的情况，防止赶工、临时加工资的情况，一定要监督他们把每个角落都清扫干净，把装修时留下的污染处理掉，才能有一个崭新的家。

地板的保护往往由地板公司上门打蜡，第一次用固体蜡，以后保养就可以用液体蜡，喷在地板上，起个保护作用。不能把水倒在地上，会渗漏在地板下面，出现霉变现象。

新居落成后，要尽快把家具搬进来，因为在搬运过程中，也会出现碰撞现象，家具摆到位后也会发现电源插座不合适、空间尺寸出现误差等问题，要及时调整。所以我一直提倡，在装修之前就确定家具的风格和尺寸，否则麻烦。

窗帘是家庭装饰比较大的色块，各种窗帘的材质、风格、功能都不相同，安装方法也不相同，所以安装的时候会经常出差错，选择的失误也会留下遗憾，要多跑、多问多比较。

一般卫生间、厨房都用百叶帘或者卷帘，要注意防潮、遮光、防油污，窗帘杆固定在窗套内。卧室好飘窗最好用两层帘子，薄得用 U 型轨固定在窗内，厚的落地帘用罗马杆固定在窗外，根据不同的功能，选择不同的种类，达到良好的艺术效果（图 221）。

图 221

家庭装修不可避免地要有污染，所以在装修工程结束以后，房子要放置一段时间才能入住。最好买些绿色植物，经常开门开窗通风，把所有的橱门都打开，尽可能把气体挥发掉。

一个家的落成，要经历很多的磨难。有人甚至会生一场病，因此是考验人毅力、体力、判断力的非常时期，要调动所有的有利条件和积极因素，寻求最佳的施工方案、最好的施工队伍，确保工程的安全和投资的安全。

五十九、如何处理装修纠纷

装修是一个有缺憾的艺术，就算有专家全程监督，有规范的流程，都尽力控制每个环节，可在装修过程中还是会出现种种问题，还是会有很多不尽如人意的地方，还是会出现业主和施工方的种种纠纷，留下了很多的问题要解决。其中有一些是施工质量问题，毕竟是手工做的东西，不可能十全十美，一个工程没有失误是不可能的，什么茬都可能被挑出来；更多的纠纷是由于甲、乙双方的沟通问题，利益冲突导致了相互之间的对立，甚至反目成仇，走上法庭。家装工程就是个有缺憾的事，要注意解决装修过程中发生的纠纷。

装修纠纷一般都体现在以下几个方面

1. 施工质量

现阶段工人的素质普遍都比较低，缺乏系统、专业的职业培训，基本上都是靠师傅带出来的，甚至没有师傅照样上阵，这样即使大品牌公司的工人做出来的活也不敢恭维，很多地方做得不到位。到最后交工的时候，工地还是一片狼藉。接口问题没有处理好，成品没有保护好，瓷砖空鼓，电合七歪八斜，木工做活不细，漆工油漆不到位等，而此时的工程款已经付完了 95%，剩下的就是工人的工钱，他们辛苦了半个月，等着钱回家交小孩学费，业主用不付尾款的手段处理以上问题是行不通的，工人一定会让你焦头烂额。

处理这些质量问题的方法是列出一个清单，拍成照片，到公司去理论，检算损失的大小。确定造成质量的原因是主观的还是客观的，一项一项加以投诉，倒扣工程款，实在不行就在媒体上曝光，网络的影响是巨大的，每个人都有说话的机会，不过一定要实事求是，尽量和和气气地处理善后事宜。

2. 拖延工期

现在家装合同一般都规定每拖延一天工期罚款 20 ~ 50 元，这样等于没有罚，10 天才 500 元，给业主造成的麻烦和损失远远不止这个数，很多公司人员调度不过来，最后倒霉的是业主。

但是造成工期延期的也不完全是施工方的原因，业主材料供应不及时、修改设计方案、出现问题没有及时妥善地处理等都会导致工期的延误，所以要分析到底是哪方面的原因，双方协商解决。

3. 超预算决算

这在家装工程中是普遍存在的问题，很多小公司都是靠低价套头、高价结算来运作的，在签合同作预算的时候就埋下了伏笔，甚至一些大公司水电的决算也大大超过预算，给业主带来了信誉上的不信任感。最好的解决办法是在签合同的时候就约定好水电的总额，让施工方承诺最后的决算浮动的额度，这样才能让双方接受，否则就要让消费者协会仲裁，或诉诸法律。

4. 环保问题

新房子装修好后一般都要晾一段时间，建议业主 2 个月后入住，如果入住后每天清晨起床时感到憋闷、恶心、甚至头晕目眩，经常感冒，常发生群发性的皮肤过敏等毛病，另外，一回家就感觉喉疼、呼吸道发干、时间长了头晕、容易疲劳、上班以后就恢复等问题，就要当心家里的环境问题了，最好检测甲醛、苯、放射性等项指标。

甲醛主要存在于人造板材，以及用人造板制造的家具，泡沫塑料、油漆和涂料中也有。甲醛对人体健康的影响主要表现在嗅觉异常、刺激、过敏、肺功能异常、免疫功能异常等方面。长期低浓度接触甲醛气体，可出现头痛、头晕、乏力、两侧不对称、感觉障碍以及视力障碍，且能抑制汗腺分泌，导致皮肤干燥皲裂；浓度较高时，对黏膜、上呼吸道、眼睛和皮肤具有强烈刺激性，对神经系统、免疫系统、肝脏等产生毒害。

苯主要存在于油漆、各种油漆涂料的添加剂和稀释剂、各种胶黏剂特别是溶剂型胶黏剂、防水材料，尤其是一些用原粉加稀料配制成的防水涂料中。慢性苯中毒主要是对皮肤、眼睛和上呼吸道有刺激作用。经常接触苯，皮肤可因脱脂而变干燥、脱屑，有的出现过敏性湿疹。长期吸入苯能导致再生障碍性贫血，并有可能导致白血病。

氨来源于建筑施工中使用的混凝土防冻剂、高碱混凝土膨胀剂。放射性污染主要存在于家庭装修的石材和建筑陶瓷产品中。

导致这些污染的原因都是因为采用了劣质的装修材料，如果是装修单位有意地偷工减料，不符合标准的材料就要追究他们的相关责任，如果是装修后买家具造成的污染，就应尽快把家具扔掉，保证家人的健康是最重要的。

保修的主要内容

①施工本身的质量缺陷，如开裂变形、漏水渗水等。
②由于施工操作不规范，致使使用中出现故障、损坏，如跳闸短路等。
③家庭使用过程中由于不慎造成损坏，如搬家时的磕碰等。

如果出现前两种情况，应由装饰公司无偿进行返修；而出现第三种情况，由于装修要有一定的统一性和完整性，也应该由装饰公司负责修补，但业主应支付材料费和人工费。

如果按时间划分，保修一般分几次来进行：第一次业主入住一两个星期后进行的保修，主要维修业主在搬家过程中难以避免的一些小磕碰，以及入住以后水、电方面的问题；第二次是半年后的常规项目报修，如由于干燥原因出现的裂缝、脱落、变形等问题；第三次是在装修完成一年左右的时间对由于季节变化而造成的问题以及其他质量问题进行维修。

六十、如何调整心态乔迁新居

终于结束了，钱花完了，东西买回家了，新居落成了，新的生活开始了（图222）。

往事不堪回首，很多做完装修的人，都不知道这段艰难岁月是怎么熬过来的，每天都面临着决策，每天都要牵挂着工地，每天都要考虑下

图 222

一步该干些什么，都会为不顺心的事生气，也会为自己买了件好东西、干了件漂亮的事而开心。装修可以让你饱尝生活的酸甜苦辣，其中哭鼻子、生病的常有，吵架更是家常便饭，可以说装修是一个铁人全能赛，能冲过终点的都是铁人。

没有必要对细节抓住不放，老是怪罪工人没把你家的活做好，要学会接受现实，对于已经发生的遗憾，不必再耿耿于怀，毕竟家庭装修十年一次，还是可以重新再来的。要感谢和尊重那些帮助过你的人，对于那些出过力的人更应该当朋友相处，请工人吃顿酒，比送他礼物更让人愉悦。

家庭关系也要调整，有太多夫妻之间为了装修问题而发生矛盾，很多家庭的固有矛盾也都在装修期间爆发了，大多数情况下是先生不体谅太太的心情，追求表面的豪华，而不顾及自己的经济实力和太太的个人需求。也有太太一手遮天的，但到了最后都是先生收场。家装也是考验夫妻关系、调整双方妥协沟通能力的非常时期。很多人经受了考验，夫妻更加恩爱，夫唱妇随，其乐融融。

装修不是简单的装了再修，而是一个社会问题，行业的不规范带来了社会的不稳定，人们不安心工作，整天想着工地，疲于奔命，心理压力太大，很容易出事。

所以能闯过这一关，就要庆贺一下，安居才能乐业，好不容易买好了房，做好了家装，就要放松一下心情，享受一下生活，调整一下生活节奏，开始新的生活模式。

SHUNLIGAOJIAZHUANG

附 表

策划·选材·施工三部曲

附表

家用电器一览表

序号	名称 性能	品牌名称	型号	设备尺寸(cm)			价格	电功率	备注
				宽	高	深			
1	空调(1)								
2	空调(2)								
3	空调(3)								
4	空调(4)								
5	空调(5)								
6	柜式空调								
7	冰箱(1)								
8	冰箱(2)								
9	洗衣机(1)								
10	洗衣机(2)								
11	消毒柜								
12	洗碗机								
13	垃圾处理机								
14	饮水机								
15	电热水器(1)								
16	电热水器(2)								
17	燃气热水器								
18	小厨宝								
19	浴霸(1)								
20	浴霸(2)								
21	抽油烟机								
22	烤箱								
23	排气扇(1)								
24	排气扇(2)								
25	电视机(1)								
26	电视机(2)								
27	电视机(3)								
28	太阳能热水器								
29	家用燃气锅炉								
30	电地暖								

策划·选材·施工三部曲

家具尺寸一览表

序号	家具名称	品牌	长	宽	高	数量	单价	合价	备注
1	床1								
2	床2								
3	床3								
4	床4								
5	床5								
6	大衣橱1								
7	大衣橱2								
8	大衣橱3								
9	大衣橱4								
10	床头柜1								
11	床头柜2								
12	电视机柜1								
13	电视机柜2								
14	电视机柜3								
15	电视机柜4								
16	书桌1								
17	书桌2								
18	书桌3								
19	梳妆台1								
20	梳妆台2								
21	抽屉柜1								
22	抽屉柜2								
23	抽屉柜3								
24	鞋柜1								
25	备餐台								
26	酒柜								
27	展柜								
28	书柜1								
29	书柜2								
30	隔断								
31	低柜1								
32	低柜2								
33	玄关								
34	风雨柜								
35	吧台								
36	厨房橱柜								
37	杂物柜								
38	茶几1								
39	茶几2								

附表

策划·选材·施工三部曲

附表

甲方提供主材清单

序号	材料名称	品牌	规格	型号	单位	数量	单价	合价	备注
1	大理石 1								
2	大理石 2								
3	大理石 3								
4	吊顶材料								
5	厨房吊顶				m²				
6	主卫吊顶				m²				
7	客卫吊顶				m²				
8	阳台吊顶				m²				
9	房门								
10	厨房门				樘				
11	主卫门				樘				
12	客卫门				樘				
13	阳台门				樘				
14	大门				樘				
15	橱柜移门				樘				
16	橱柜移门				樘				
17	复合地板								
	实木地板								
18	橱柜								
	吊柜								
	低柜								
	台面								

洁具五金清单

序号	材料名称	品牌	规格	型号	单位	数量	单价	合价	备注
1	洁具五金类								
2	马桶 1				个				
3	马桶 2				个				
4	马桶 3				个				
5	浴缸 1				只				
6	浴缸 2				只				
7	淋浴房 1				个				
8	淋浴房 2				个				
9	台盆 1				个				
10	台盆 2				个				
11	台盆 3				个				
12	隔断门				扇				
13	洗菜盆				个				
14	洗菜盆龙头				个				
15	台盆龙头 1				个				
16	台盆龙头 2				个				
17	淋浴龙头 1				个				
18	淋浴龙头 2				个				
19	浴缸龙头 1				个				
20	浴缸龙头 2				个				
21	洗衣机龙头				个				
22	拖把池龙头				个				
23	三角阀				个				
24	转换阀				个				
25	软管 1				根				
26	软管 2				根				
27	软管 3				根				
28	地漏				只				
29	浴巾架				个				
30	毛巾架				个				
31	手纸架				个				
32	化妆架				个				
33	手纸盒				个				
34	浴缸下水				套				
35	台盆下水				套				
36	晒衣架				套				
37	橱柜				套				
38	调料架				个				
39	炊具架				个				
40	小五金				件				
41	玻璃				m²				
42	镜子				件				

附表

策划·选材·施工三部曲

附表

墙地面砖采购清单

序号	材料名称	品牌	规格	面积	块数量	规格	块数量	实际尺寸	余量
1	外墙砖								
2	南阳台地砖								
3	南阳台墙砖								
4	北阳台地砖								
5	北阳台墙砖								
6	主卫地砖								
7	主卫墙砖								
8	主卫腰线								
9	客卫地砖								
10	客卫墙砖								
11	客卫腰线								
12	厨房地砖								
13	厨房墙砖								
14	厨房花砖								
15	厨房差砖								
16	运输费								
17	楼层费								
18									
19									
20									

灯具清单

序号	材料名称	品牌	规格	型号	单位	数量	单价	合价	备注
1	弱电箱				只				
2	弱电箱配件				套				
3	吸顶灯1				盏				
4	吸顶灯2				盏				
5	吸顶灯3				盏				
6	吸顶灯4				盏				
7	吸顶灯5				盏				
8	吸顶灯6				盏				
9	筒灯1				盏				
10	筒灯2				盏				
11	壁灯1				盏				
12	壁灯2				盏				
13	壁灯3				盏				
14	日光灯1			40W	盏				
15	日光灯2			20W	盏				
16	吊灯1				盏				
17	吊灯2				盏				
18	吊灯3				盏				
19	吊灯4				盏				
20	餐桌灯				盏				
21	灯带1				米				
22	灯带2				米				
23	射灯1				盏				
24	射灯2				盏				
25									
	开关盖板								
	空调三眼插座								
	五眼插座								
	三眼二眼带开关插座								
	电话网络二插座								
	电视插座								
	单开关								
	双开关								
	三开关								
	双联双控开关								
	电话插座								
	四开关								

策划·选材·施工三部曲

附表

写作后记

写作后记

　　既没有到辽宁科学技术出版社去实地考察，也没有和责任编辑见过面握过手，就拿着一张盖有出版社公章的合同开始了图书的创作。南京与沈阳相隔千山万水，中间还有一个万里长城相隔，一个走出校门不久的大学生，一个饱经沧桑、生活磨难的下岗女工，我们之间的两地书是多么的精彩！他对我是那么的信任，天天想吃我做的厚氏菜肴，我对他是那么的理解，让我女儿看人家是如何在城市里打拼的，我们一老一少憋足了一口气，就是想搞一本好书，取得事业上的成功。在很多的时候，由于观念和出发点的不同，差点儿翻脸，到最后都柳暗花明了，在原则问题上达成了共识。

　　写作的过程也是分阶段的，前期是收集资料，整理原来的手稿。开始动手的时候从设计篇开始，完善了设计流程，看到我们搜房家居副总王晓松的策划文章，马上用策划的理念穿起了整个家装的全过程。看到搜房装修大学张校长的高招，就把家装的流程分解成六十步，而且加大了材料的比重，因为家装工程总额只占装修总投资的一半，而大量的采购则是业主在装修期间主要的工作。材料的市场太混乱了，牵涉到的方面太多了，新的产品、新的工艺层出不穷，很多图书资料都过时了，网络上的信息也太繁杂了，将其归纳整理，用我的实际经验和体会给业主和业内人士提供一个参考意见，这就是我这本书的卖点。于丹把《论语》说得通俗，我厚姐把家装说得简单。Step by Step——顺利搞家装。

　　越写越顺手，越写越流畅，把很多网络语言风格带到科普文章中活灵活现，趣味横生，连我自己回头看手稿，都不相信是自己写的。15年施工经验的总结，50年生活阅历造就了我独特的视角——全盘考虑整个行业的现状和未来。只有具备了东西方文化交融、文理科贯通、社会实践和理论研究相结合的优势，才让我能站在这么高的角度看家家户户的装修问题，家庭装修不是简单的一家一户的问题，而是整个社会的结构问题。

　　终于完稿了，最后的冲刺，一天写6个章节，打8000字是什么概念，人家老外的键盘是根据英文字母出现的概率设计的，我打微软拼音，中文中带 a 的字特多，打啊杀啊，我的左手小指关节都疼（当铣工时受过伤），累趴掉了。真舍不得交稿，都是我的心血啊。

我在写作期间充分利用网络媒体，把我书中的三个理念推向了社会（设计和施工分离，物流和施工脱离，网络营销为家装企业插上翅膀）。同时，要感谢上海奥邦设计公司及萧铎、孙恩远、言帅等设计师友情提供的案例图片和效果图。

在创作期间我把初稿给南京市建筑装饰协会会长朱炳生先生审阅，他对书名和内容都提了些宝贵意见，并提出了家装企业要以服务为中心的理论。他们已经制定出标准的设计合同，让设计师从装修公司中独立出来，为业主提供优质服务，这标志着家装行业的成熟发展阶段已经到来，知识得到尊重，创意产生效益，设计师用不着拿回扣就能养活自己。

也感谢现代快报家园博客圈的管理人员和网友，正是由于他们的强大搜索功能，才使远在沈阳的编辑找到了我。

更感谢我周围的朋友网友们，他们在我创作期间给了我很大支持，我半年没有看电视，他们在网络上编辑创作的各种娱乐活动比电视更精彩——美妙的音乐、优美的画面、深沉的内涵，带给我极大的享受。

同时感谢我的家人，父母年老体弱，一年有半年住在医院，我未能照顾他们饮食起居，也很少去看望他们，一直让他们牵挂。可他们从小教育我中华儿女当自强，要和人民群众交融一处，长期和农民工一起相处，使我在第一线工地上掌握了最基本的施工技术。

感谢我的先生俞工，就是他领我进入了家装行业，支持我自费在南京林业大学专修室内设计，在所有的转型阶段给我最有力的支持和帮助。这次写作，加重了他的业务量。老公，辛苦啦！

我的女儿抱怨我把她当兔子养，不给她炒好吃的菜。她的电脑技术非常高超，我的很多难题都是她帮我处理的，分担了我一些整理工作。更让人欣慰的是，她从小就有全球生存的意识，英语语感很好，喜欢足球，为校园广播站写的欧洲足球评论，完全可以拿到《体坛周报》发表。

还要感谢我的客户们，他们一直关注着我，而且对我完全信任。在写作期间，我基本上推脱了所有的业务，而对于实在推不掉的我只是拿了他们的监理费。每次到工地，有些客户都要亲自开车接送我，其中不乏有为

策划·选材·施工三部曲

写作后记

空军首长做保健医的专家。他们知道如果我出面可以为他们维权、打折，可他们不轻易打扰我，让我非常感动。

通过多年的实践，我总结了一套"厚氏面子理论"，即把家装工程分成四大板块：设计、施工、物流、管理，像鼻子、嘴巴、眼睛和耳朵一样相互依存又相互独立。我的这套理论的核心是利用网络技术，责任到人、包产到户，个性服务，由业主选择其中的服务内容，明明白白消费，正正当当拿钱。只有采用物流配送的理念才能进行资本运作，从而真正实现家装行业的职业化、专业化和产业化。应用小岗村的联产承包制，才能带来土地革命。模式决定未来，机制决定命运。

最后要说的是，做家装工程一定要有一个整体的策划理念，把所有的前期工作做充分，合理分配资金，调动一切因素，避免失误，控制流程，把好质量关，这样才能有好的效果。真的希望这么琐碎艰巨的任务能放心地交给专业人士去做，业主只需要拎着皮箱入住，从而真正实现社会资源的合理分工。

写作后记

向您推荐我社部分优秀家装设计类图书

我家我设计——客厅·玄关	23.80 元(赠送光盘)
我家我设计——餐厅·厨房	23.80 元(赠送光盘)
我家我设计——卧室·书房	23.80 元(赠送光盘)
我家我设计——阳台·卫生间·小空间	23.80 元(赠送光盘)
新婚之家设计 1	23.80 元(赠送光盘)
新婚之家设计 2	23.80 元(赠送光盘)
客厅设计与装修宜忌	19.80 元
玄关设计与装修宜忌	19.80 元
卧室·书房设计与装修宜忌	19.80 元
餐厅·厨房设计与装修宜忌	19.80 元
品位家居 & 时尚家具——清新篇	19.80 元
品位家居 & 时尚家具——绚丽篇	19.80 元
品位家居 & 时尚家具——舒适篇	19.80 元
和谐家居——客厅	20.00 元
和谐家居——门厅	20.00 元
和谐家居——餐厅	20.00 元
和谐家居——卧室	20.00 元
和谐家居——书房	20.00 元
和谐家居——隔断	20.00 元
家居空间设计与材料选用——客厅	20.00 元
家居空间设计与材料选用——餐厅	20.00 元
家居空间设计与材料选用——门厅玄关	20.00 元
家居空间设计与材料选用——卧室与书房	20.00 元
家居空间设计与材料选用——厨房与卫生间	20.00 元
家居新空间——客厅	22.00 元
家居新空间——餐厅·玄关·卧室·书房·厨卫	22.00 元

邮购电话:024-23284502
咨询电话:024- 23284356　　024-23284536
传　　真:024-23284740
E-mail:windy-t@hotmail.com